neri & hu
design and
research
office

间：空间、时间与实践

thresholds: space, time and practice

广西师范大学出版社
· 桂林 ·

如恩设计研究室

如恩设计研究室 著
张 靖 译

Published by arrangement with Thames & Hudson Ltd, London

Neri&Hu Design and Research Office – Thresholds: Space, Time and Practice © 2021 Neri&Hu Design and Research Office

Essay © 2021 Rafael Moneo

Essay © 2021 Sarah M. Whiting

Designed by Neri&Hu Design and Research Office

This edition first published in China in 2023 by Guangxi Normal University Press Group Co., Ltd, Guilin

Simplified Chinese edition © 2023 Guangxi Normal University Press Group Co., Ltd

著作权合同登记号桂图登字：20-2022-217 号

图书在版编目（CIP）数据

间：空间、时间与实践 / 如恩设计研究室著；张靖译 . — 桂林：广西师范大学出版社，2023.1

书名原文：Thresholds: Space, Time and Practice

ISBN 978-7-5598-5453-7

Ⅰ . ①间… Ⅱ . ①如… ②张… Ⅲ . ①建筑设计−研究 Ⅳ . ① TU2

中国版本图书馆 CIP 数据核字 (2022) 第 185682 号

间：空间、时间与实践

JIAN: KONGJIAN、SHIJIAN YU SHIJIAN

出 品 人：刘广汉

责任编辑：季　慧

助理编辑：张笑尘

封面设计：如恩设计研究室

版式设计：如恩设计研究室、六　元

广西师范大学出版社出版发行

（广西桂林市五里店路 9 号　　　邮政编码：541004）

网址：http://www.bbtpress.com

出版人：黄轩庄

全国新华书店经销

销售热线：021-65200318　021-31260822-898

恒美印务（广州）有限公司印刷

（广州市南沙区环市大道南路 334 号　邮政编码：511458）

开本：889 mm × 1 194 mm　　　　　1/16

印张：22　　　　　　　　　字数：200 千字

2023 年 1 月第 1 版　　　　2023 年 1 月第 1 次印刷

定价：388.00 元

如发现印装质量问题，影响阅读，请与出版社发行部门联系调换。

目 录

"If you find nothing...there, don't worry, just leap up another flight of stairs"
- Franz Kafka

中文版序一　编织与修补：如恩的建筑与文化记忆

李翔宁

李翔宁，同济大学建筑与城市规划学院院长，教授、博士生导师。建筑理论家、评论家和策展人，长江学者特聘教授，哈佛大学客座教授，中国建筑学会建筑评论学术委员会副理事长，国际建筑评论家委员会委员。

任第16届威尼斯国际建筑双年展中国国家馆策展人，曾策展米兰三年展中国建筑师展、上海城市空间艺术季等重大展览。担任 *Architecture-Asia*、*Le-Visiteur* 等国际刊物编委，及密斯·凡·德·罗奖欧盟建筑奖等国际奖项评委。著作包括《走向批判的实用主义：当代中国建筑》（*Towards a Critical Pragmatism: Contemporary Architecture in China*）、《上海制造》等。

如恩在当代中国建筑的版图中是一个独特的存在：他们的设计哲学在西方和亚洲的不同文化之间自由地转换；他们的作品有室内，有建筑，或者说他们的所有作品都呈现出一种介于室内和建筑"之间"的状态；他们深谙国际水准的品质之道，却又传递着建筑工匠般执着的手工意趣。

"垂直巷屋"（第75页）开启了如恩在上海的建筑实践。在这个作品中，如恩对旧建筑的材质与肌理极其敏锐的感知使得建筑的特质通过"面"的材质存续得以保留，并和新叠加的耐候钢板表面形成材质的碰撞与对话。或许始自这个作品，对于历史片段与材质的并置与拼贴成为贯穿如恩作品的主题，他们似乎始终在做着一种编织和修补的工作，将城市的复杂特质完美呈现：他们的作品多处于历史环境中，无论是设计共和原址的旧宅改造，或是新址的老厂房空间重塑，都在尝试着编织和修补城市的肌理。他们对历史记忆和怀旧理念（nostalgia）的研究可以印证我对他们建筑价值的此种观察。

如恩的特征还显现在他们从建筑空间到室内的一体化打造。当代中国的建筑师们大多倾向于用一种"切削"的方法塑造一个抽象的空间，因为多数情况下还会有室内设计师用材质和器具来填满建筑师所创造的空间。而如恩往往自己承担室内设计的工作，从而他们更倾向于用细腻的材质来编织一个个"面"，并通过这样的面来限定空间。如恩自觉或不自觉地尝试将任何体量化为特殊材质的面的构成。在他们的许多作品中，空间透视由于不同表面材质的变幻和叠加呈现了一种带有视错觉的平面感，像荷兰风格派的建筑构成。而这些材质的面往往又将历史遗存的肌理和现代的材质编织在一起，正如中国景德镇的瓷器匠人通过金属合金焗钉的工艺将历史和现代的碎片编织在一起来修复古瓷。这或许也是为什么柯林·罗（Colin Rowe）在《拼贴城市》（*Collage City*）一文中特别提到修补匠的工作并将之作为城市历史记忆再现的一种隐喻。

当然，这种对历史和文化记忆的编织还存留在郭锡恩和胡如珊自身文化身份的认同之中，家族记忆和亚洲文化的源流使得他们对上海这座城市感到亲近。20世纪初，上海是一座中西文化的熔炉，而今天，上海在全球文化中特殊的坐标价值又在如恩两位创始合伙人的职业生涯中发挥着重要的作用。他们的作品或许也可以被理解为一种对时间和忘却的抵抗，通过历史建筑的片段穿越时空将上海的历史呈现出来，呈现为一种时空的并置。我和他们也常常论及基于上海这座城市文化特质的建筑实践与建构一种上海城市建筑学派可能性的见解。郭锡恩和胡如珊在哈佛大学及耶鲁大学担任访问教授和建筑设计评论教授，胡如珊同时担任同济大学建筑与城市规划学院建筑系主任，这标志着如恩在实践之外，开启了设计研究和建筑文化话语建构的新视域，并不断向一个世界级的建筑事务所迈进。

中文版序二 转译所得
张永和

张永和，非常建筑创始人及主持建筑师，美国注册建筑师、美国建筑师协会院士。张永和曾在中国和美国求学，于1984年获得伯克利加利福尼亚大学建筑系建筑硕士学位。自1992年起开始在中国实践，1993年在美国与鲁力佳创立非常建筑。他曾荣获诸多奖项和荣誉，如1986年日本新建筑国际住宅设计竞赛一等奖，美国"进步建筑"1996年度佳作奖，2000年联合国教科文组织艺术贡献奖，2006年美国艺术与文学院的学院建筑奖，2016中国建筑传媒奖实践成就大奖，2019年 Domus 世界最佳100+建筑事务所，2020年度美国建筑师协会（AIA）建筑奖，2020 ArchDaily中国建筑年度大奖等。至今为止出版多本专著，包括英语专著 Exhibition-as-Construction-Experiment，中英双语著作《世界建筑——造的现代性：张永和》，英法双语 Yung Ho Chang / Atelier Feichang Jianzhu: A Chinese Practice，以及意大利文版的 Yung-Ho-Chang: Luce Chiara, Camera Oscura 等。

他曾多次参加国际建筑及艺术展，2000—2008年，先后六次参加威尼斯双年展。曾在中国和美国多所建筑学校任教。1999—2005年任北京大学建筑学研究中心创始人、教授；2005—2010年任美国麻省理工学院建筑系主任；曾任美国哈佛大学丹下健三教席教授、密歇根大学伊利尔·沙里宁教席教授、伯克利加利福尼亚大学贺华德·弗里德曼教席教授等；现任美国麻省理工学院实践教授及中国香港大学荣誉教授。2012—2017年任普利兹克建筑奖评选委员会评委。

建筑学的翻译从"建筑"（architecture）一词开始。中文里最接近英文单词"architecture"的表达有二，一为传统说法"土木"，一为当代术语"建筑"。传统的"土木"由名词"土"与"木"构成，说明了旧时的主要建筑材料为土和木。现代用法"建筑"既可指建造成果，也可指建造行为，类似于英语中的"building"（意为"建筑物"和"建造"）一词。然而，中文"建筑"并非从英语翻译过来，而是从德语动名词"bau"通过日语汉字"建築"（kenchiku）翻译得来。从语言迁移的角度可以得出两个结论：1.建筑交流早已在全球范围内存在；2.某些东西也许在这一过程中丢失。

近几十年来，从海外（归）来到中国进行建筑实践的建筑师们，无论是否为华裔，他们都带来想法、概念和知识，但仍然面临着转译的挑战。这是一种不同的挑战：转译往往被误认为是移植。没有诠释原意的努力，建筑师便只会简单地复制源于别处的设计。而不幸的是，这样的情况遍布全国各地。

当如恩在上海成立自己的办公室时，他们是否意识到转译或缺乏转译所带来的问题呢？当我入住由如恩设计的"垂直巷屋"（第75页）后，我意识到答案是肯定的。如恩将几近荒废的现有结构改造成一座精品酒店，是通过把从空间到剥落的灰泥墙皮都仔细保存下来实现的。乍看去有些矛盾，实则是一个很好的"转译"示例："保护"这一概念的运用摆脱了其典型的技术意义，并演变为建筑前世的戏剧性再现。结果就是，平凡被化为神奇。

如恩的作品大多显现出良好的修养。然而，要辨别其传承的基因并不容易，因为古典主义、现代主义和后现代主义的特征似乎都存在于作品中。我们只能假设，"主义"对如恩来说并不重要。他们将不同的意识形态视为设计演化的组成部分。再者，在他们的作品中区分东西方也没有意义。许多年前，我在北京的一家商店里注意到一个非常奇特的物件：一个环形项链盒，外形传统，却没有任何装饰，仅漆以明亮的橙色。这个新旧并置、东西兼备的设计深深地吸引了我。店主告诉我，项链盒的设计师是如恩。

在设计和制作中，有些事物是无法用语言表达的，更别说转译了。同时，空间、结构、材料、工艺、形式和光线等，这些建筑体验中最基本的元素有如一种世界语言的词汇，无须转译。而设计里植根于特定文化、气候、地理或环境中的事物则需要我们对其进行深刻解读。如恩是富有创造力的转译家，他们的立场非常明确：转译即转化。

英文版序一 双倍下注

萨拉·M. 怀汀 Sarah M. Whiting

萨拉·M. 怀汀是哈佛大学设计研究生院院长兼何塞普·路易·塞特 (Josep Lluís Sert) 建筑学教授。她是WW建筑的设计负责人和联合创始人,并于2010—2019年担任莱斯大学建筑学院院长。怀汀以建成环境为核心,进行广泛的学科间性研究。作为建筑理论和城市化方面的专家,她对建筑与政治、经济和社会的关系,以及建成环境如何塑造公共生活的本质有着特别的兴趣。怀汀还是POINT单一论文集系列的编辑。ANY、《连线》(Wired)、《塑造城市》(Shaping the City)、《密斯在美国》(Mies in America)、《六个寻找建筑师的作家》(Six Authors in Search of an Architect)、《全感官建筑:艾琳·格雷作品集》(An Architecture for All Senses: The Work of Eileen Gray) 等都收录过她的作品。

四年前,郭锡恩与胡如珊出版了他们的第一部作品集《如恩设计研究室:作品与项目2004—2014》。书中记录了他们最初十年的设计实践,展现了他们的才华,尤其是适用性改造项目。大多数事务所都会沉浸或停留在出版物所带来的荣誉时刻,特别是如果他们同时又有络绎不绝的设计邀约。但如恩非但没有停止不前,反而加倍审视自身的实践。数年后,他们为我们带来了这部批判性的作品集。

"双倍下注"的概念使人联想到加倍的21点赌注。从抽象来看,这意味着更加坚定的立场。这本新书实实在在地以二元结合深度呈现了反思型怀旧、步移景异、空间诗学和未来遗迹等内容。这些成双出现的变量,使如恩不会屈于简单的二元分类。这些分类通常会使建筑研究变得流于表面,将人、作品甚至材料分置于对立的阵营,而非将它们联合起来纳入共同的调查研究之中。相反,如恩与黑塞 (Hesse) 一样,超越了这类简单的比对,探究新的可能性:深入洞察其作品、现代性、全球化和中国瞬息万变的城市和乡村发展;深入洞察建筑的发展如何带领大家在21世纪中找到自己的路。

作品集中最明显地拥有"双倍下注"概念的项目,展现了乍望去"实"与"面"的不协调。在"车库"(第23页)中,这一点最为明显。原有的砖砌厂房建筑与新置入的钢结构相结合,成为白色盒体的主要结构。白色盒体立面上深度的开窗显露了内部空间的钢结构,挑战了传统砖石建筑与现代钢结构,以及结构性立面与非结构性立面之间浅显的对立。窗框的钢材质同时呼应了主体钢结构本身。这些窗户让我们意识到,我们已不再生活在"现代与传统"这个世界中了,而是超越了这些二元性,进入了充满更多材料、结构和立面可能性的世界。他们能够承载历史的各个层面,也可以相互作用产生新的解读与演绎。

在"重构"(第51页)中,类似的材料运用手法挑战了典型建筑设定:建筑原为戈登路警察局,立面采用厚重的砖墙形式,薄涂式的砖砌内墙与之形成鲜明的对比。但最纤细的是室内包边,结构与吊灯形似,为空间带来了愉悦的轻盈感。如恩对原结构和填充的运用手法,使新与旧之间的过渡充满张力。如恩运用专业知识实现了项目中不同的深度和广度。如本书所示,从平面设计到景观,如恩关注每个层面的细节:无论是"帷集星座"(第149页)中的织物帷幔还是"灯笼"(第211页),抑或是"镌刻"(第189页)中上方悬挑的石材立面,材料的使用都经过深思熟虑后再仔细处理,但也不会过度。简而言之,如恩在整体设计上呈现出难能可贵的把握性:张弛有度的细节把控,将完整性置于首位。

完整性来自全方位的研究方法:这种整体性是如恩在这本书和他们的作品中所具备的超越与远见。这种"双倍下注",渗透和印刻在如恩的作品与实践中,也造就了"如恩"。

英文版序二　明晰、美与细致
拉斐尔·莫尼欧 Rafael Moneo

拉斐尔·莫尼欧1937年出生于西班牙图德拉,1961年毕业于马德里建筑学院。莫尼欧曾被任命为哈佛大学设计研究生院建筑系主任,并被该校授予约瑟普·路易·塞特荣誉教授。莫尼欧现任巴塞罗那和马德里建筑学院教授。

莫尼欧的代表作品有梅里达的国立罗马艺术博物馆、圣塞巴斯蒂安的库萨尔会议中心和礼堂、斯德哥尔摩的现代艺术和建筑博物馆、洛杉矶的天使圣母大教堂,以及马德里的普拉多博物馆的扩建项目。他的著作《哈佛大学建筑系的八堂课》(2004年)已被翻译成八种语言。

自1997年以来,莫尼欧一直是西班牙皇家美术学院的成员,并于2013年被推选为美国艺术与文学学院名誉成员。他获得过许多奖项,包括1996年普利兹克建筑奖、2003年英国皇家建筑师学会金奖、2012年阿斯图里亚斯王子艺术奖、2015年国家建筑奖,以及2017年日本艺术协会颁发的高松宫殿下纪念世界文化奖。

我将大部分的时间奉献给了建筑教学。对我而言,最欣慰的事莫过于看到自己的学生成为令人赞许的建筑师。我坚持只对亲眼看到的建筑项目发表评论,但看到如恩发表的设计图纸和项目照片后,我还是破例写下自己对于他们作品的一些感想。

首先,我惊讶于如恩作品所映射出的明晰与细致。这些优秀的品质使其能够在不惊扰、不妨碍原有建筑的情况下,通过设计的介入为建筑注入新的生命。因此,这不是建筑重塑的问题,而是如何使新建筑成为延续旧建筑生命的"保护体",从而确保旧建筑在历史长河中的延续性。"车库"(第23页)、"重构"(第51页)和"垂直巷屋"(第75页)等典型项目展示了如何在保留其物质性的情况下对原有建筑进行干预。这成了适用于新建筑的准则,将其小心地投射在旧建筑之上,却不会对其产生过多影响,既保持了旧建筑的完整性,同时也有效地将新与旧区分开来。"二分宅再思考"(第135页)以更开阔的视角展现了这一设计过程,它不仅关乎如何在限制重重的情况下介入一栋建筑,还可以推及整座城市。这种在该城市中常见的建筑类型具有其特殊的建筑结构价值,而对其结构的保留也显示出些许对当今时代建筑语言变化的不置可否。新旧建筑这种差异的并置创造了全新的建筑体验,迫使我们将它们放在一起思考,并在细节处理和材料使用上呈现一种锐化。

如恩项目中的细节鼓励我们进一步谈论明晰和美。它们存在于建筑形态的几何性定义和建造执行的美感中。例如,在"垂直巷屋"(第75页)中,如恩通过窗户纹理的简单变化强调了平面的价值:处理过的木板、金属构成大小不一的矩形和方形窗户,再嵌入灰泥中,保持其严谨的几何特征。木料在抽象而纯净的墙面上呈现出遥远的姿态。出人意料的是,保护窗户的这些矩形和方形板可以旋转打开,从而改变人们对墙面的感知,对于建筑的体验也将围绕着这些窗户和墙上的开口展开。建筑师的天赋不在于使自己被看见,而在于他隐于幕后,让所有的转变都看起来自然而然——墙面出现在观者眼前,仿佛有生命般地呼吸着。

现在让我们谈谈材料。如果要穿过"灯笼"(第211页)的空间内部,则须通过一个三维金属网格结构。仿佛是人造氛围的物质化一般,建筑的外观逐渐显现。项目通过将空间的一部分隔离开来,巧妙地向观者展示了空间的构造。

黄铜、石材、木料、玻璃在空间中相遇交叠,定义了这一吸引所有感官的建筑空间。这与我们谈及的明晰与美不无关系。我们可以看到如恩在改造现存建筑时的态度,比如,我刚才提到的差异并置,也出现在一些更具突破性的项目中,如"庇佑"(第225页)、"怀想之家"(第179页)、"婉转街巷,变迁村落"(第107页)或"墙垣"(第259页)等。不过,当下的并置更多关乎文化。在这些项目中,不同的文化彼此贴近,却仍可兼容。亚洲历经百余年的建筑传统在这些项目中得以体现。与此同时,如恩也试图将在学院中探究的建筑议题呈现在作品中。

如恩的实践以当下的眼光思考过去。这是当今建筑师愈发难以回避的议题，终究要提上日程。在上文提到的所有项目中，"墙垣"（第259页）的平面布局严谨、材料细节精湛，是如恩建筑理想的绝佳体现。这座建筑既与中国在地建筑一脉相承，又与密斯·凡·德·罗（Ludwig Mies Van der Rohe）的庭院式住宅不谋而合，仿佛是以西方文化的遥远历史为参照的当代表现形式。"墙垣"是时代与文化并置的体现，让我们对如恩未来不断超越、打破边界的设计实践充满期待。这一切，将是艰难却又振奋人心的。如恩迄今为止的作品，也必将成为这段历程宝贵而精彩的序言。

自序
郭锡恩&胡如珊

汉字"間"（"间"的繁体）形为一轮太阳框定于两扇门之间，意指"空间"和"时间"。"间"可以大概翻译为"间隙""停顿""空间"或两个结构部件之间的空间。"间"通常会与另一个汉字组成含义不同的词语。当它与"空"字组合时，具有"空间"的含义；若与"晚"字结合，便得到"夜晚"的意思。有些含义比较概括和抽象，如"在……限度内/在……之内"（with in），"在……之间"（between）或"在……之中"（among）；而另一些则较为具体，如"房间""堂间"或"世间"；还有一些与时间有关，如"晚间"或"时间"。有人将日语中的"间"的概念，即"ま"（ma），与小提琴家艾萨克·斯特恩（Isaac Stern）对音乐的描述联系在一起：在他看来，音乐就是音符之间的静默，可被诗意地形容为"充满无限可能的虚无，如同尚未履行的承诺一样"。虽然英语中并没有与"间"对应的单词，但在建筑学语境中，"间"常常被用来形容中间地带，通常由两个对比鲜明的空间环境构成，譬如内部与外部、公共与私人。"间"代表了如恩的自我定义与定位——空间、时间以及学科间性实践的介质。这就是如恩选择"间"作为本书主题的原因。

自2017年出版第一部作品集以来，我们便时常停下来反思这些实践是如何发展及演变的。先前的作品集明确地聚焦于适用性改造项目，论及历史和保护的角色，以及设计师如何在过去与当下之间调和。回顾如恩的所有项目（室内、建筑、产品及平面设计），如果想要如实呈现如恩的学科间性，那这本作品集就无法简单地归于某一个主题之下。正如"间"依赖于与其他汉字的组合来获得更广泛的意义一样，如恩将这种概念框架延伸至多个主题章节中。这些大多来源于如恩早期对窥视、历史保护、内部性和物件的痴迷。这本书呈现了多项研究和反复出现的主题，其中一些已臻成熟，而有一些则是近期开始探索的议题，为如恩未来的设计研究开辟了新的篇章。

本书前六个章节聚焦于如恩的建筑及室内项目，最后一章专门讲述产品设计。在概念上，我们想用类似的主题和截然相反的限定语来并置这些类别，比如将适用性改造和新建建筑放在一起。在整体上，建筑室内章节以"反思型怀旧"为起点，呼应如恩的第一本作品集，最后来到"未来遗迹"，以时间连续性和历史作为主题。翻阅本书，读者将体会到如恩如今所面对的议题：适用性改造及历史的角色、重新构想的空间可读性与窥视之间的联系、建构和墙体填充（poché）的使用、寻找与在地建筑的联系、集体记忆及残存碎片的角色，以及日常物件的制作。本书所涉及的大多数项目都位于中国或亚洲其他地区，但其中所讨论的诸多问题都超越了所涉及的地理范围。我们在这本书中也再次呈现了上部作品集中的部分重要作品，并附以新的视觉素材。这些早期项目可以根本性地帮助我们对新项目进行解析。

如恩非常感谢项目方的慷慨支持，从跨国集团到企业家再到个人。项目的落成离不开他们的远见与热忱。同时，我们也非常感激国内外设计群体的巨大支持。他们在设计创意、社会问题和教育活动上的投入，让我们得以在一个友善的关系网络中发展。无论是从教育机构到文化及专业组织，还是从媒体平台到设计研讨会，他们都不断地激励着如恩，并推动着如恩的自我突破。同时，我们感谢如恩所有同事的严谨工作和卓越贡献。很抱歉我们无法在此一一致谢，希望通过事务所工作人员的名单，表达对每一位同事的由衷感谢。如恩感谢李翔宁院长、张永和教授、拉斐尔·莫尼欧教授、莎拉·M. 怀汀院长的学术见解，以及他们对如恩作品的批判性解读，如恩对此虚心受教。我们也由衷感谢广西师范大学出版社的刘广汉先生、王秋生先生和高巍老师。

对于"間"的演化，如恩在几年前发现：其更古老的表意文字为"閒"，在"门"之间的是"月"，而非"日"。奇妙的是，随着时间的推移，从月亮到太阳的转变并没有改变这个字的含义。辗转于东西方、建筑与产品、新与旧、实践与教学之间，如恩设计研究室初心不变——创造跨越边界、弥合差距又富有意义的体验。透过门，无论看到的是太阳还是月亮，每一个项目都是新的开始，每一个都是新的"间"。

一　反思型怀旧

记忆是呈现过去的剧场，而非审视过去的工具。记忆承载了过去的种种经历，正如土地承载了城市兴亡的遗迹。当一个人试图接近自己被埋藏的记忆时，他必须像挖掘土壤一般，怀抱着勇气不断回顾同一件事，反复对记忆分拨翻倒。记忆仿佛是沉积的地层，只有经过层层审视，才能发现隐藏在地下的真正宝藏。

—— 瓦尔特·本雅明 (Walter Benjamin)
《柏林纪事》(*A Berlin Chronicle*)
(1932年)

这一章节中的项目叙述了如恩对"反思型怀旧"的痴迷。如恩的许多项目都基于这一前提——怀旧是处理历史遗产、集体记忆、居无定所与城市更新等议题的有效方式，而非单纯的时间倒退。当修复型怀旧"试图对失去的家园进行历史重建"时，反思型怀旧则"停留在人类渴望和归属的暧昧上，没有回避现代的矛盾"[1]。

如恩的改造项目有着相似的策略——材料对比、构造分异、并置组合和新旧嫁接。然而，每个项目都伴随着一系列独特的问题：如何面对租界时期的历史遗产？如何在商业利益的驱使下，表达对人造历史遗迹的抵制？如何体现过去与现在的辩证关系？在这些作品中，人们可以感受到新与旧、光滑与肌理、精致与原始之间的微妙平衡。如恩的很多项目都在现有的主体和构架上"移植"了新的表层。这种修复方式在"重构"（第51页）中尤为明显。原有建筑的破败结构被层层剥离，露出历史的痕迹。改造中添加的玻璃与钢制构件，与"旧"形成对比。

这些项目回应了层层剥离的考古方法，如同外科手术一般缜密仔细——既有对原建筑的"删除"，也有"添加"。艺术家戈登·马塔-克拉克 (Gordon Matta-Clark) 形容自己的作品为"在不建造空间的情况下创造空间"。这些空间作品通过"侵蚀"和"擦除"，不断精细化地调节，产生了出人意料的空间解读。在部分项目中，走廊楼板被移除，成为引人注目的中庭空间。在"垂直巷屋"（第75页）中，餐厅上方楼板引入一处切口，让酒店客人可一瞥下方的公共空间。这些视觉上的联动性甚至在酒店厨房中也有所体现，为平凡而日常的生活注入了些许戏剧性。

如恩将收集的碎片重新组合，在编织历史留存之物的同时使其整体化。构造的易读性有时以水平基准（参照平面）来表示，有时也以明确的材料编码来标记。这一点在"垂直巷屋"（第75页）中有着直观的体现。原有的钢结构全部漆成黑色，留存的墙壁保持原样，新添的墙壁则以白色涂料饰面。如恩的目的并非重现往昔或是定格历史，而是使想象中的过去与当下发生对话。这样一来，对历史的主观性新解读也会随着它们的共存而出现。

① 基地图

100 m (328 ft)

黑匣子再版
No. 31

十多年前,如恩步入了快速成长的阶段,办公室也迁至上海旧法租界的一栋建筑内。如恩改造了这栋建筑,将二楼之上的建筑外立面都涂刷成深色,并亲切地唤之为"黑匣子",象征着记录事务所设计理念的重要装置。而No. 31不仅是如恩的新家,更是对"设计公社"概念的延续与升华。这一概念最初在十年前的"设计共和·设计公社"项目中就得以体现。如恩旨在建立一个更广阔的创意平台,集合上海的设计社群。

No. 31位于上海热闹的静安寺核心地段,隐匿在一个小型旧工业建筑园区群内。这栋四层楼的建筑,原是当地电信公司的办公宿舍楼。相较于推翻重建,如恩发掘了建筑本身的改造潜能,赋予其新的设计意义和创新价值。

No. 31一楼设有家具零售店、咖啡与烘焙店及员工食堂,二楼至四楼则是办公空间。建筑原本的南楼梯将所有的空间功能连接交织,包括部分公共区域(二楼的共享办公空间和开放式厨房)、二楼与三楼之间的多功能活动空间以及顶楼的露台花园。"学科间性"(interdisciplinary)贯穿如恩的设计实践,建筑、室内、家具及平面,在此项目中相互渗透、相互融合。

外立面的改造并没有涉及主要结构的改动,却完全改变了它的比例与视觉解读。原本重复乏味的外墙开窗被重新设计,上半部以玻璃砖填充,下半部为黑色金属窗,整体连接形成了可开启的水平长窗。釉面绿色瓷砖勾画了建筑一端的圆形楼梯与墙面底部,墙体虚实起伏。一楼的深顶棚设计,呈现出欢迎的姿态。

尽管有一些瑕疵和不规则性,但原建筑所有的混凝土梁柱结构在改造中都得以保留,并展露出原有的形态。如恩在保持原结构框架的同时,移除部分楼板,不但使得三、四楼之间拥有了内部楼梯通道,也通过双层挑高的空间处理打造出不同的空间体验。看似简单的切割和移除,却揭示了寻常的建筑结构中空间层次的无限可能。室内以白盒子空间为主,在现有的柱子之间加上钢肋玻璃,创造出具有连贯性的独立空间。整栋楼的改造设计之中贯穿了新与旧的碰撞与交织,这种旧建筑的改造项目一直是如恩追寻的课题。设计在此得以返璞归真,为城市的冗余带来重生的契机。

中国,上海

建筑改造
室内
产品
环境导视

2

3

平面图

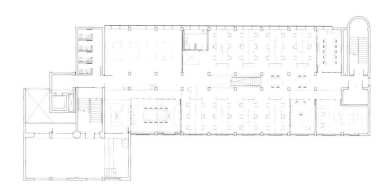

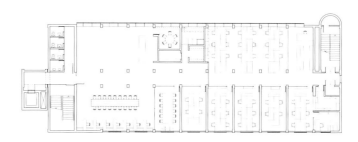

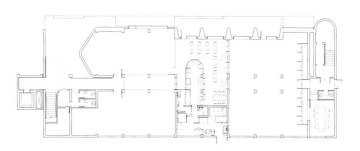

20 m (65½ ft)

4

5

6

7

8

6 家具展示休憩区及共享办公空间　7 产品设计部及公共走道　8 洗手间　9 办公室

9

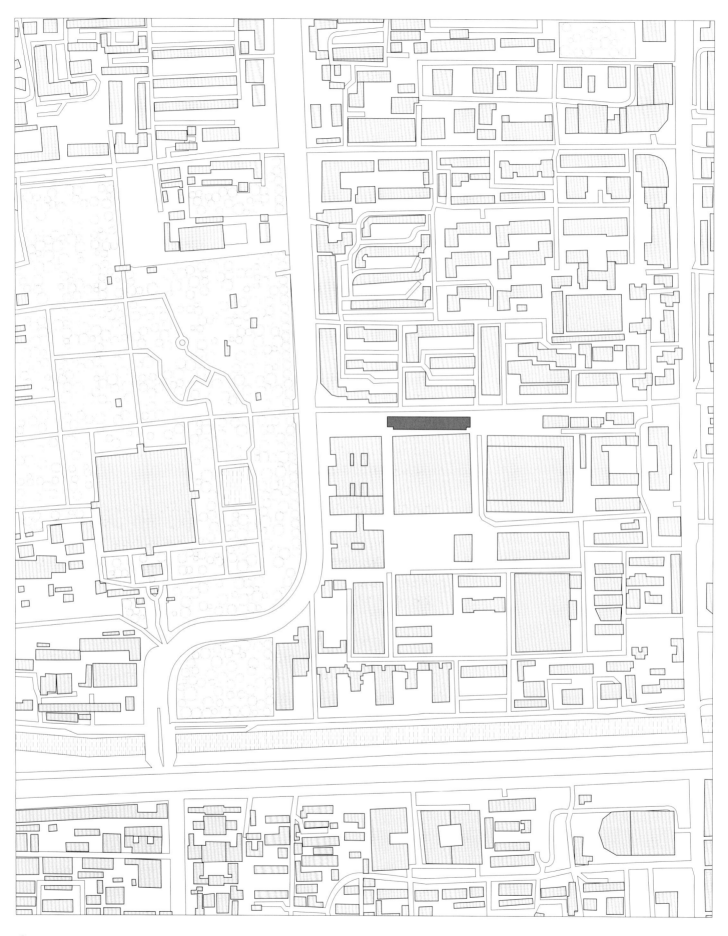

1 基地图   160 m (525 ft)

车库
北京B+汽车服务体验中心

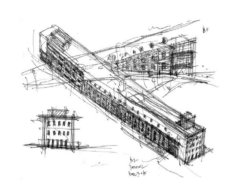

作为一个拥有两千多万居民和六百多万辆汽车的城市,北京已经成为颇负盛名的"堵城"之一。水泄不通的公路上挤满了各式的汽车,人们对此已经习以为常。如恩将一栋前导弹制造厂改造为汽车服务体验中心,试图寻回汽车产业曾经拥有的神奇魅力。该项目的整体空间概念为"工作坊"(workshop),同时包含咖啡馆和办公区域。整座建筑贯穿着工业时代的能量与精神,粗粝与精细在此并存,凝结出独特的空间气质。

原建筑中的三面砖墙都被保留下来。为了满足业主对空间的使用需求,如恩使用钢结构增建出第三层空间。原砖墙、新增的钢结构框架和白色建筑体量,这三个鲜明的元素共同谱写了立面三重奏,展现出清晰、直接的建构关系。

立面上的黑色金属窗框重新界定了原本规则分布的开窗,镜面玻璃为原本单调的墙体加入了丰富的纹理。在近百米长的建筑立面上,每个车行入口处的玻璃门均采用粗钢镶框,同时配有入口标识,帮助访客顺利到达各个区域。

白色建筑体的西端聚集了主要功能区——办公室、咖啡厅和汽车电梯。每个功能空间都表现为模块化的钢构网架盒体,重新诠释了工业化的存储空间。夹层平台、楼梯和走道"悬停"在略显神秘的黑色"笼子"里,车与人能够在空间内不断"流动"。两个功能迥异的空间——咖啡馆和汽车服务体验区并置在一起,营造了一种超现实的错觉。咖啡厅内的顾客从结构横梁之间向下看去,目光穿过层层金属网格和镜面,可以瞥见体验区内的汽车和工作中的机械师,如同从后台窥见剧院舞台上的表演一般。

如恩从工业遗产的质朴与真实中汲取灵感,选取粗粝的建材与未经修饰的金属组件。核桃木与拉丝铜质细节形成的纹理,为空间增添了一丝亲和力。定制家具及照明,与建筑内简洁的木板及管状钢构造相映成趣,其丰富的质感和精湛的细节也在向很多古董车的工艺品质致敬。如恩试图打破人们对功能性空间的刻板印象,为冰冷单调的工业环境注入了一丝温暖,使无处不在的现代机械展现出迷人的一面。

中国,北京

建筑改造
室内
产品
品牌策划
环境导视

1

2

1 沿街立面　2 车库入口　3 标识

3

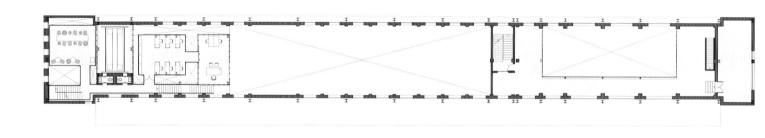

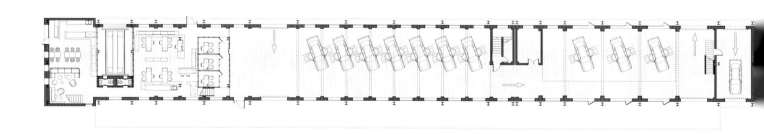

平面图

20 m (65½ ft)

4

"在人口密聚的城市里，有这样一个宁静的去处，像是上帝的苦心安排"
——史铁生

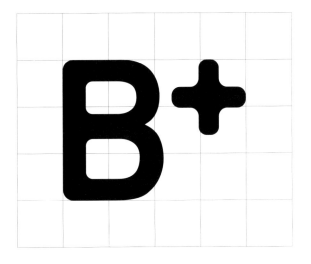

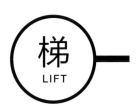

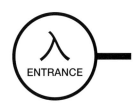

墙
愚园路创意园区&愚舍

由如恩改造的愚园路创意园区位于上海历史悠久的愚园路上。街道上,梧桐林立。园区内原来的十座办公楼新旧错落,外立面风格迥异,缺乏统一、连贯的建筑语言。因此,找到一种建筑元素来增强整片园区建筑群的和谐感与连贯性成为项目面临的最大挑战。经过如恩重新改造规划后,这一片区成了充满活力的商业综合体,同时也保留了建筑中原有的历史韵味。此外,如恩还从中国城市的本土建筑类型中汲取灵感,比如,北方的胡同和上海的弄堂,利用墙壁这一极其重要的建筑元素,为原本零散的建筑群带来凝聚力和连贯性。

沿着繁忙的街面,统一的砖墙勾勒出整片园区的边界。墙面上的若干开口打破了统一、连贯的节奏,将来往行人的视线引入园区内部。墙体本身作为表达视觉景观和光影的媒介,同时也具有一定的引导作用,带领人们在整片园区中穿行探索。同时,如恩进一步拓展了砖墙本身作为空间界限之外的功能,将其融入周围建筑物的立面之中,在建筑内外之间制造出有趣的关系。

新建的墙体将原始建筑群之间无法定义的小型空间进行围合处理,创造出若干安静的社区院落。如恩将普通的废弃红砖进行回收重组,创造出别样的砌筑形式,如镂空和浮雕等。红色砖墙之上的外墙部分则刷成白色,形成颜色上的强烈对比,从而简化墙面上不同尺寸的开窗和不同建筑立面韵律之间的复杂关系,并将其抽象为醒目的视觉语言。

如恩通过"墙"投射出"联结"的概念,并将同样的概念延伸至园区内的"愚舍"(Together)餐厅。"愚舍"位于园区一角,其选址方位及开放的姿态突出了社区和共享的整体理念。红砖墙的形式语言从室外延伸至室内,直到中央餐饮区,定义了"愚舍"。餐厅仅仅占地二百多平方米,却能在空间和布局上让就餐者感到舒适和轻松。除了主要建筑语言——红砖之外,主餐厅旁两个较小的空间引入了另外两种迥异的材料——弧形釉面白色瓷砖拼贴的墙面和浅色橡木地板,带来了居家般的宁静感。定制设计的黄铜吊灯、经典藤椅和简洁的珐琅餐具为餐厅增添了精致但不失轻松的氛围,与愚舍的烹饪理念相呼应。

中国,上海

建筑改造
室内
产品
品牌策划
环境导视

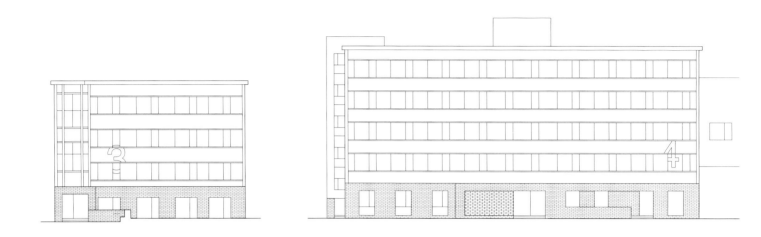

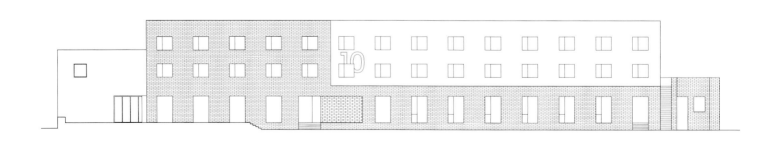

立面图

15 m (49 ft)

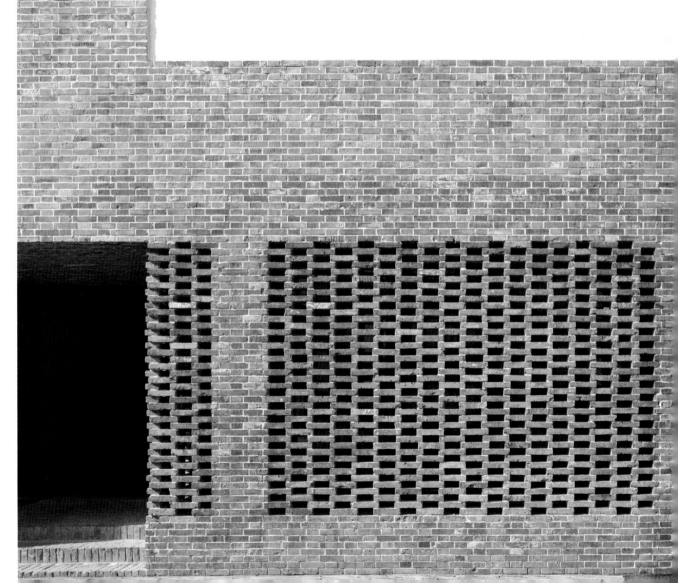

1

2

3

4

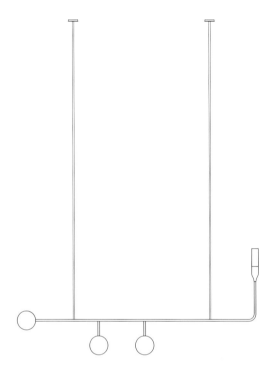

灯具 1：20

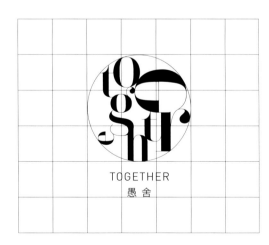

餐厅标识

采用丝网印刷技术印制的引述

5

6

7

便利店
野兽派概念商店

便利店在亚洲的大都市中无处不在,上海也不例外。它们遍布在城市各处,已经成了一种城市符号,无论昼夜,为城市居民提供生活的便利。生活方式品牌野兽派的概念商店Little B将便利店这一商业形态推演到新的高度。如同其他常见的便利店一样,野兽派概念商店提供轻食、饮料、个人护理产品和基础家居用品。与其他便利店不同的是,这些产品皆来自国内外高端品牌,满足了中国顾客不断提升的生活品位和消费水平。如恩的设计保留了便利店共有的随意性,以及街头文化和快闪店的自发性,并尝试推出新的零售理念。商店的设计概念摒弃了便利店所制造的短暂的满足感,着力表达了对隽永美学纯粹的敬意。

野兽派概念商店位于上海市中心人头攒动的新天地商业区。该区域重现了传统的上海石库门建筑。如恩保留了店铺外观原有的经典建筑细节,同时增加了新颖的元素和材料,在建筑原始的基底上构造了浅灰色混凝土基石和门梁。建筑表面原有的装饰线条延伸至入口,形成了一个顶棚,同时也成为展示橱窗的底座。门面左侧新增了一个由曲面白色条状瓷砖垂直拼贴而成的柱状结构,瓷砖的使用也将视觉动线延伸至空间内部及店铺右部。外墙使用统一的瓷砖,通过材料的连贯性将外墙三处迥异的部分联系起来,同时也成为橱窗展示的背景。

如恩希望通过设计,为传统店铺空间带来人性化的感官体验。步入室内,首先感受到的并不是商业零售的气氛,而更像是一个艺术装置作品。在设计过程中,如恩一直鼓励业主打破传统零售空间的设计理念,从本来就不大的空间中划分出一个多功能展区,用来展示艺术作品和主打品牌,举办快闪活动,又或是为较大规模的视觉展陈提供场地。在零售区域内,定制的不锈钢展示柜将空间完全包裹起来。通过磨砂、抛光、穿孔、凹凸等不同层次的表面处理,为原本比较枯燥的不锈钢材料赋予了新的生命力。产品的各色包装、艺术陈列的形态和色彩,以及店铺内导视灯光的相互映射,模糊了空间的界限,并为店铺的整体氛围增添了无穷的趣味与活力。

如恩通过这个项目重新定义了零售空间,升级了便利店模式,同时满足了商业空间载体对效率和功能的本质需求。每一个设计元素、细节和材料的选择都体现了人们对美好的渴望,在快节奏的商业环境中寻求一丝庄重之感。

中国,上海

建筑改造
室内
产品
环境导视

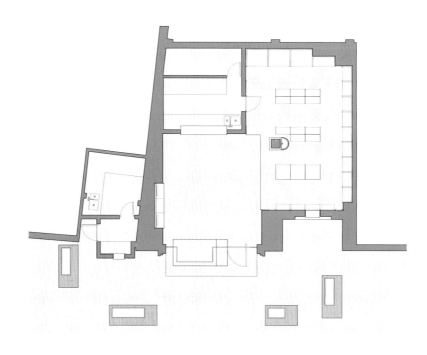

5 m (16½ ft)

2

3

4

① 基地图

80 m (262½ ft)

重构

设计共和·设计公社

安德烈亚斯·盖菲勒（Andreas Gefeller），
未命名（板式建筑4号）（Panel Building 4），
《监督》（Supervisions）系列（2004年）

盖菲勒照片中的超现实细节让人联想到
考古挖掘的缜密性。他一丝不苟地处理图
像的方式，揭示了人类介入的蛛丝马迹。
一根烟头、一个脚印，都与设计师接近旧
建筑工地的方式类似。盖菲勒将成百上千
张照片进行拼贴，这种"缝合"将较小的
组件和细节叠加起来，从而构建了一个全
新的建筑空间——如恩的设计实践也是
如此。

建于1909年的戈登路警察局（当时被称为戈登路巡捕房），在1943年以前一直是上海公共
租界巡捕房总部。1943年之后，租用者试图对该建筑进行改造，以适用于不同功能，然而
所有改造都无法展现其本身带有的租界建筑特征。2005年，当它被列入上海市第四批优
秀历史建筑保护名单时，已处于荒废已久、未经修葺的状态。如恩与这座建筑相遇的第一
刻便感知到了它所隐含的巨大潜力，随即便着迷于将其改造成一个设计平台，希望能将设
计师、赞助方聚在此，思考、交流和学习。

对历史保护建筑的改造如同外科手术一般。如恩先轻轻地移除朽木和灰泥，仔细地修复仍
旧鲜亮的红砖墙。接着，如恩开始移植"皮肤"（表层/隔墙）、"关节"（细部/连接处）和"器官"
（功能组件）。最后，一楼新添的零售门店以玻璃加盖，作为隐喻的"义肢"使这座几近废弃
的建筑再次焕发生机。

由于历史建筑的相关保护条例，建筑外部几乎维持原来的状态，而内部空间则被彻底改
造。在很大程度上，这些改造是反直觉的，与传统建筑师的"建造"行为背道而驰。如恩对项
目的探讨从"删减"而非"增加"出发。如恩在保留所有原结构的条件下，发现了改造的机
会。入口大厅和主廊处的策略性切割，扰乱了现存建筑（楼高三层，动线枢纽位于正中央）
直观的平面和剖面结构。看似细微的变动巧妙地将原有的线性空间转化为迷宫般的连锁
体量。新的双层挑高空间排列着多个玻璃开窗，显露出上方的局部空间，形成了视觉关联
并创造了空间趣味。围绕着这些开口，空间流线被转变，鼓励人们展开发自内心的探索旅
程，而不是去遵循逻辑的引导。这些看似无关紧要的自我审视有效地改变了空间体验，推
动着这座历史建筑的演变，为未来的迁入和使用奠定了基础。

历史痕迹具有留存价值，这是不言而喻的。面对物质世界，真正的挑战在于尊重时间在其
表面上留下的印记，并抑制住修复那些"不完美"的冲动。尽管部分原有墙壁已用灰泥重新
粉刷过，但地板托梁、木质屋顶结构和一些门被原封不动地保留了下来。最终，这种对于过
去的尊重像电影一般在阁楼上投映。想象一下，在早期的场地考察时，如恩发现的这一缥
缈场景——一方小小的楼台在木椽之间悬停，梯子支于中央；孤零零的椅子置于一旁，光
线从坍塌的屋顶处流转而下。在那静止的一刻，如恩被这些平凡物件所构筑的奇特景象深
深吸引，于是在阁楼上重现了这一场景——一处无任何意图的空间，默默地向这座建筑的
过去与未来致敬。

中国，上海

建筑改造
室内
产品
品牌策划
环境导视

前戈登路警察局（1910年）

平面图

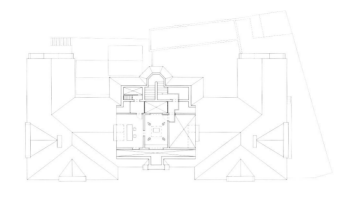

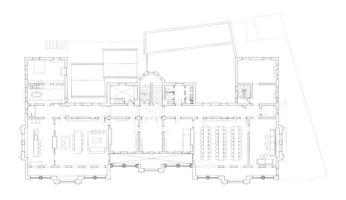

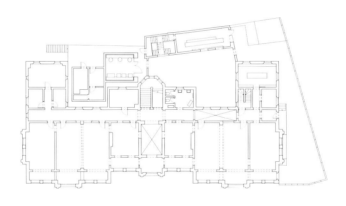

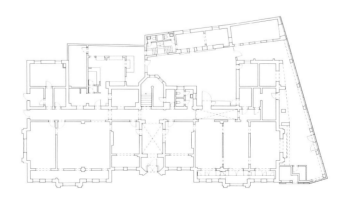

平面图

18 m (59 ft)

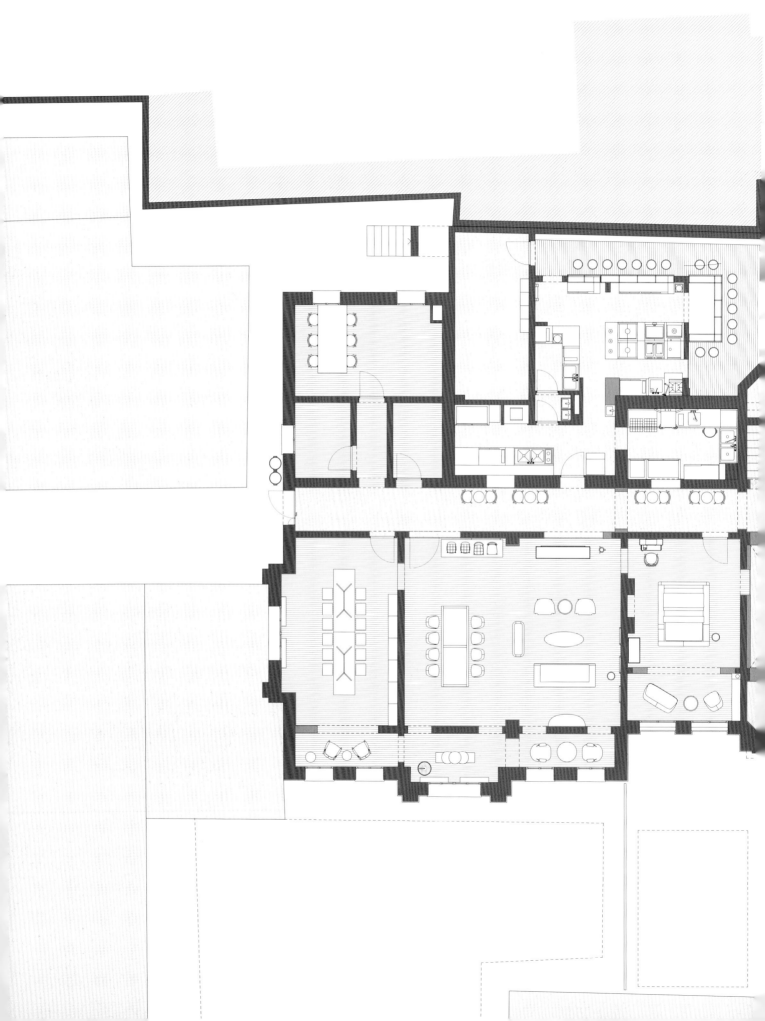

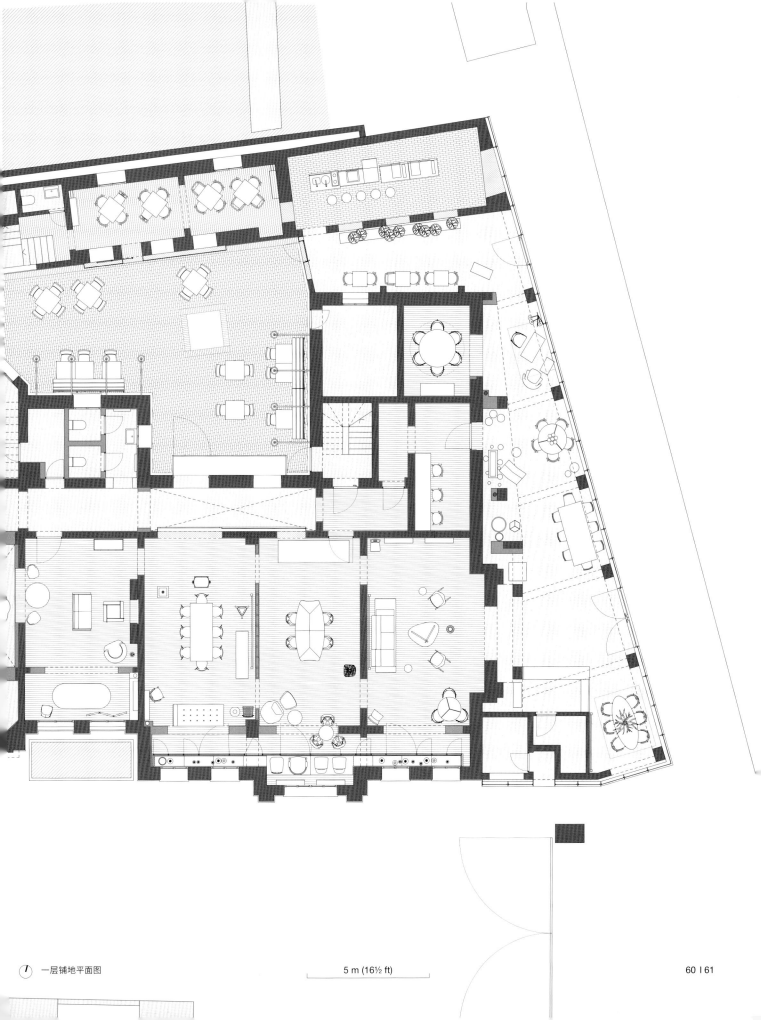

设计师知道自己的作品何时达到完美：不是当没有更多的东西可以增加时，而是当没有更多的东西可以删减时。
——安托万·德·圣-埃克苏佩里

3 保留下来的木条板墙壁

4

5

4 活动空间　5 宣言展厅

餐厅庭院

DESSERT BAR
SPECIAL:

Creme Catalan
- - - 55 RMB

Warm Chocolate
with blood oranges
- - - - 55 RMB

Ice Cream + Sorbet

Per Scoop - - - 15 RMB

Todays Pastry Chefs:
Kim, Tony + Damon.

1　基地图

160 m (525 ft)

垂直巷屋
水舍南外滩精品酒店

当人们走近这座建于20世纪30年代的建筑时,便会发觉,历史的沧桑遍布其表,清晰可见。这个项目的真正挑战是在修复过程中保持理性,克制修复每一个"缺陷"的冲动。如恩在增添新的元素或保留固有设计上谨慎决策。虽然一些空间已经历过整修,但部分墙壁仍然保持着原始粗糙的状态,破碎的砖块和易碎的板条暴露于老化的灰泥墙后。在玻璃屏罩之下,这些原始的墙壁截面如同在博物馆中陈列的物品,被忽视的平凡在刹那间变得弥足珍贵。如解剖般剥开层层表面,隐藏在每一个瑕疵中的生命和故事逐渐展开,记忆深处最亲密的栖居回忆亦呈现在世人眼前。

在尊重新旧并置的同时,如恩有意消除公共和私人领域之间的界限,试图打破个人空间在视觉、听觉和物理上的种种限制。这一特质在酒店特色餐厅的规划中有所体现——通过将街道延伸至内部庭院,使公共领域渗入私人领域的核心区域之中。餐厅天花板上的一处切口,甚至可以让楼上客房内的住户仿佛置身楼下就餐的热闹氛围之中。遍及各处又貌似错位的窗户(如位于大堂接待处上方的窗户),一系列巧妙排布的反射面,连接成意想不到的路线,移步异景,充满惊喜。

水舍的设计理念在于对酒店项目的反思——如何赋予陌生环境"家"与栖居的概念?如何为旅客的体验创造意义?为此,如恩从上海弄堂(街巷)的丰富体验中汲取灵感。那里的生活充满了惊喜与发现,并不存在真正的隐私。打破循规蹈矩的日常生活,让平淡转变成不期而遇的惊喜。比如,放置在玻璃空间中的沐浴间,如恩放大了舒适与不安之间的持续作用,让这些始料未及丰富旅途中的情感记忆。整个酒店墙上的斑驳印记唤起并暗示了旅客复杂的心理状态——渴望与兴奋、犹疑与热切、不安与放松,而原始与自然的材料又确立了一种关乎时间、空间和存在的强烈感知。

中国,上海

建筑改造
室内
产品
环境导视

1

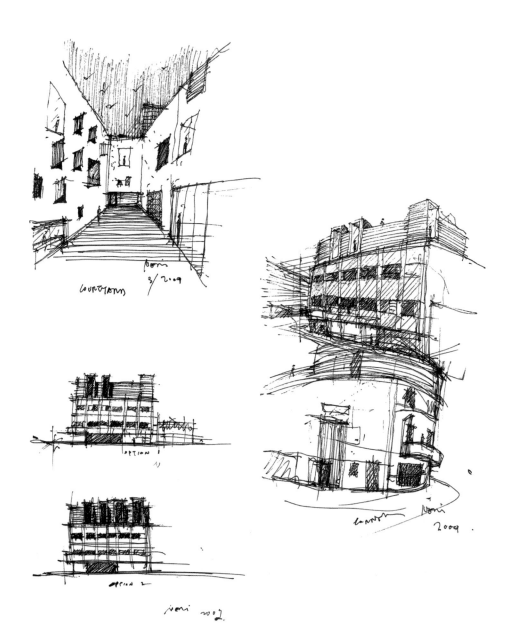

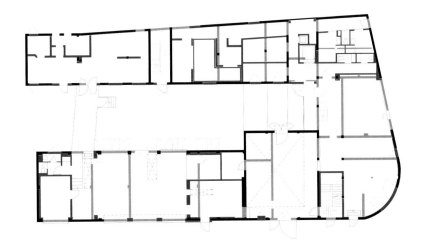

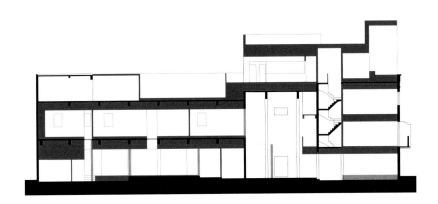

15 m (49 ft)

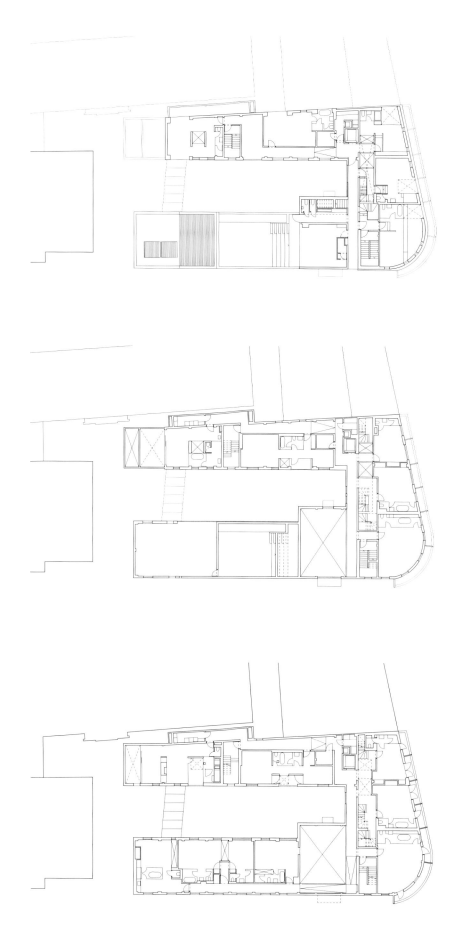

平面图

20 m (65½ ft)

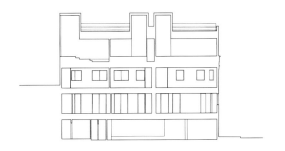

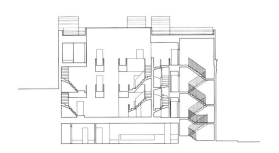

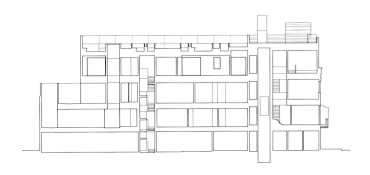

20 m (65½ ft)

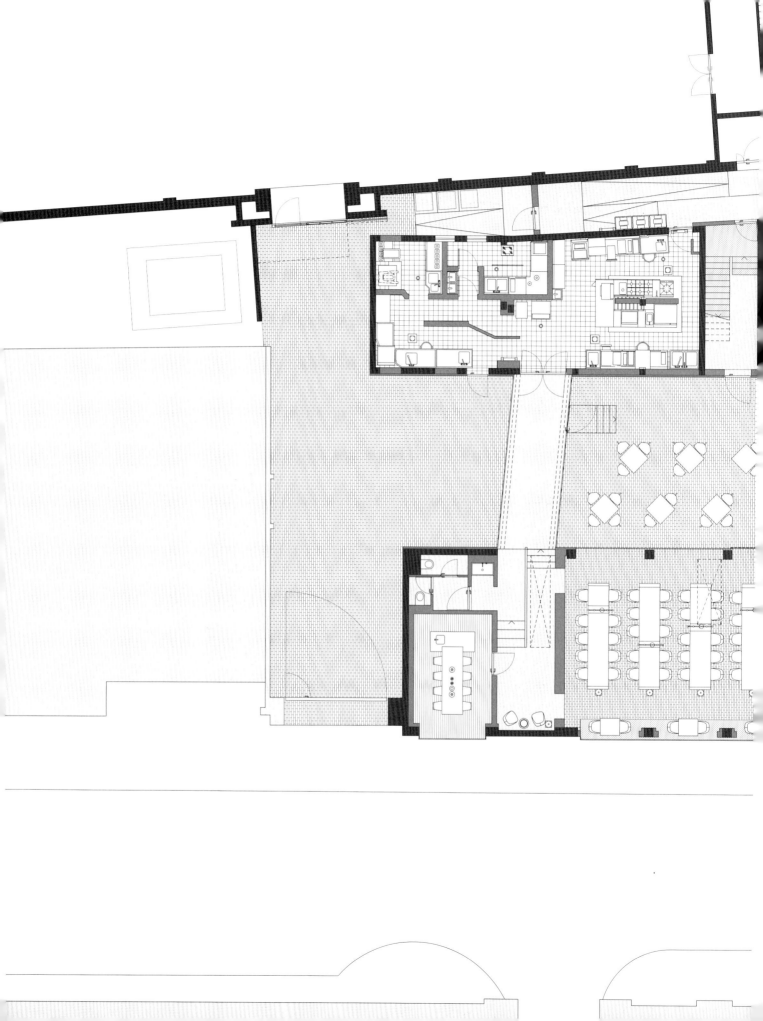

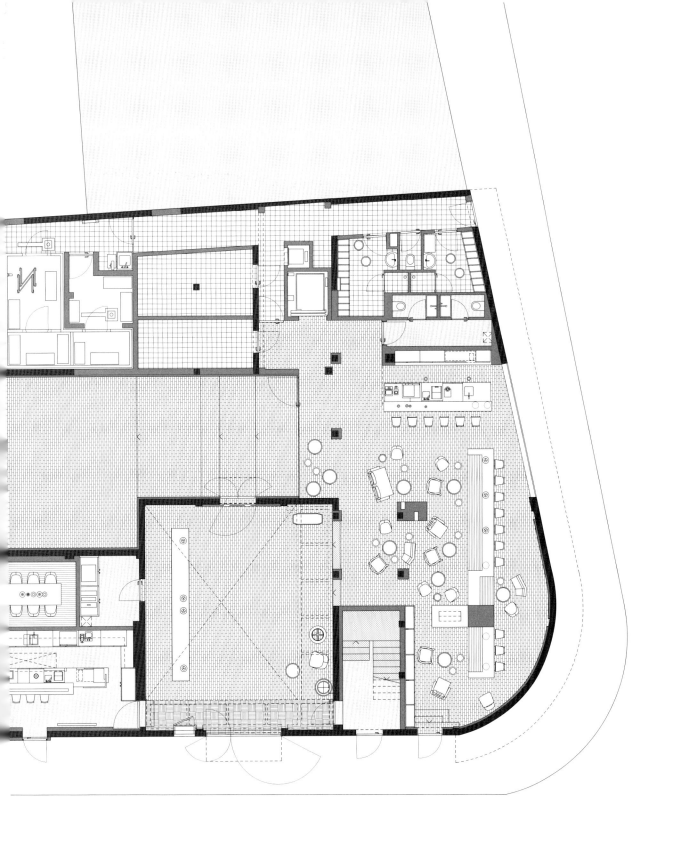

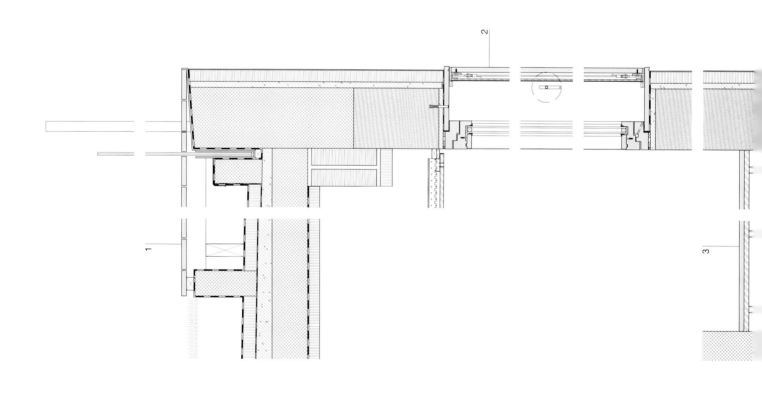

1. 露台地板
20毫米木地板
压力处理后的下部结构
5毫米聚乙烯膜
50毫米XPS刚性隔离层
3毫米隔汽层
砂浆放落
150毫米新混凝土板
5毫米聚乙烯膜
45毫米XPS刚性隔离层

2. 木窗
20毫米木板
受拉钢索交叉支撑
6毫米纤维水泥板
2毫米不锈钢镀铬镜面
160毫米空腔
6+15+6毫米双层玻璃

3. 房间地板和天花板
20毫米木地板
20毫米胶合板
40毫米板条
5毫米隔音层
100毫米现有混凝土板
50毫米XPS隔离膜
3毫米聚乙烯膜
250毫米空腔
50毫米V形槽
15毫米石膏板
45毫米XPS隔离层
3毫米白色粉刷

4. 墙身
白色粉刷层
网格布贴隔离层
45毫米XPS刚性层
25毫米水泥找平层
100毫米现有混凝土底板
50毫米XPS隔离膜
3毫米聚乙烯隔离层
250毫米空腔
50毫米V形槽
15毫米石膏板
45毫米XPS隔离层
3毫米白色粉刷

5. 阳台地板
18毫米木地板
带空腔的70毫米木板条
3毫米聚乙烯膜
5%砂浆找坡
既有钢筋混凝土底板

6. 墙身
5毫米白色粉刷
45毫米XPS刚性板
20毫米找平层
240毫米现有砖墙
5毫米聚乙烯膜
45毫米XPS刚性板
20毫米木底板

7. 地板
20毫米木地板
25毫米木板条
35毫米轻质混凝土面层
40毫米压型钢板
150毫米下部结构(带XPS刚性隔离层)
5毫米聚乙烯膜
现有混凝土基底

8. 庭院地面
86毫米青生灰砖
20毫米砂浆层
55毫米砂浆找平层
缝隙式排水沟
芬土

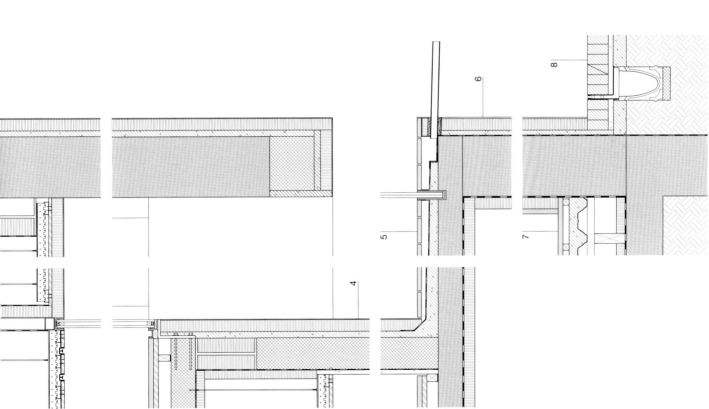

庭院立面细节

0.1 m (4 in)   1 m (3¼ ft)

2

3

4

5

6

7

6 客房　7 面向庭院的走廊和阳台

10

11

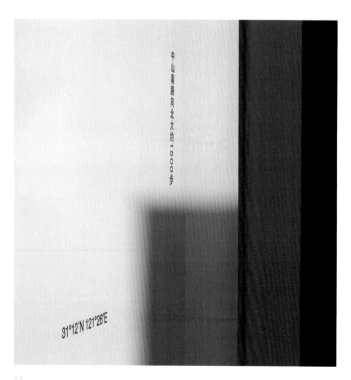

31°12'N 121°26'E

12

13

10 屋顶下沉式长凳　11 楼梯　12 / 13 玻璃上的引述

14

15

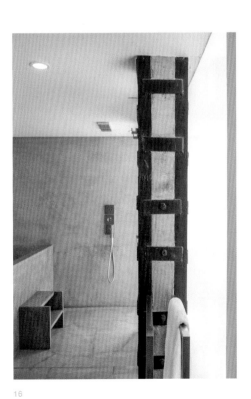

16

14 从沐浴间中眺望黄浦江　15 混凝土浴缸细节　16 加固柱细节

二 步移景异

唯一的真正旅行,唯一的青春之路,并非远走他乡,而是拥有他者的目光。用另一个人,用成千上百人的视角去观察宇宙,看到他们所有人看到的,看到他们的所有……

——马塞尔·普鲁斯特
（Marcel Proust）
《追忆似水年华》
（*In Search of Lost Time*）
（1913—1927年）

西方古典绘画基于临摹,而中国文人画旨在透过抽象的视角,捕捉所描绘对象的精髓,比起模仿或还原自然,唤起艺术家内心的所思所感更为重要。中国古典园林集绘画、文学、造园和园艺学等于一体,是文学与艺术的延伸。这些园林是文人创造的微观天地——曲径通幽、步移景异,处处隐藏着惊喜。这一章节中的项目从中国古典园林中常见的"借景"手法中获取了新的视角,挑战了对固有边界的认知。原本零散的片段随着目光的移动而逐渐整体化,揭示出"从局部到整体的关系"。

"借景"与"窥视"有着相似之处,但它与西方概念中略带控制与监视意味的"窥视"又有所不同,更侧重于游牧者富有启示性的视角。在中国园林中开启一段旅程,意味着无数对比、关联、视角和动线之间的协调。[2]从传统意义上来说,借景模糊了自然与人造的边界,不仅可以转换透视距离,还可以编排出一系列的景观片段。借景规避了寻常的观景方式和精准的视觉越界——往往通过障景、孔洞和开口等方式改变空间的视觉纵深,以及观者对尺度和距离的感知。本章节的项目借鉴了借景与窥视的视觉手法,以激发观者的渴望、期许与好奇。

在"二分宅再思考"（第135页）项目中,居住者沿中央楼梯拾级而上,视线随之不断改变,而私密度不同的家居空间也借助楼梯得以展现。"邂逅"（第117页）中隐含着"步移景异"的概念,灵感来自香港的城市地形。令人向往的维多利亚港海景并没有即刻呈现在眼前,而是被刻意回避,直到访客沿楼梯上行才缓缓呈现。在"档案"（第123页）和"幽静之境"（第129页）这两个项目中,天性好奇的旅人（而非游客）像是徜徉在园林景观中的文人一般,通过亲身探索来陶冶性情。

在"婉转街巷,变迁村落"（第107页）中,如恩用格栅、窗户和百叶门窗制造了迷人的景观片段,捕捉出人意料的美景。最后,在"外向的家宅"（第111页）中,游牧者视角再次出现在家居空间。如恩通过反转典型的公寓空间格局,挑战了传统概念中的奢华与舒适。在某种程度上,成为一个游牧者如同体验一段文学叙事。通过探索游牧者的视野所及之处,如恩深入探索"窥视"这一概念及其潜力,打开空间叙事的可能性。

婉转街巷，变迁村落
2019年斯德哥尔摩家具与灯具展

作为2019年斯德哥尔摩家具与灯具展的荣誉主宾，如恩决定设计一个有别于普通家具展览的装置空间，打破专注于产品设计的陈设方式。中国文化中的"小说"在字面上可以被解释为"闲聊"，"小说"的概念源于人们在街头巷尾听到的只言片语和零碎八卦。[3]"婉转街巷，变迁村落"的理念基于如恩对中国文化根源的研究，通过空间重组，将传统的"街道"转变为叙事手段，映射了中国乡村及乡村文化逐渐消失的问题。

中国乡村正以惊人的速度消失，这意味着社区、家庭等中国的传统观念和文化根基也在逐渐消失。在中国，80%的非物质文化遗产来自乡村，一旦它们消失，我们就有可能失去对文化遗产的记忆和见证。如恩的许多产品设计都围绕着怀旧、居所、家庭以及个人与集体关系的概念展开，以传统中国的乡村为灵感而设计的装置就是这样诞生的。装置空间的设计灵感源于中国传统氏族村落中的街巷与生活场景。展览空间由一条连续迂回的"窄巷"贯穿而成，时而"平铺直叙"，时而蜿蜒曲折，含蓄地引导着观展者层层深入空间。装置空间的立面及形式采用抽象化的斜屋檐，象征着"家"，并通过重复和延伸构成了"家"的聚合——"村落"。

装置采用瑞典当地松木，并涂成黑色，让村庄看上去仿佛是枯萎记忆的剪影。家具、灯具和配件在精心摆放下形成无声的互动，呈现出超越其美学价值的意义。当观者在装置间穿行时，可以看到由屏风和开口框出的公共街景，视角时而收缩，时而舒展，引导着观者穿梭其间，激发他们无限的好奇心。展厅内的观者会聚形成暂时的"村落群体"。在此基础上，如恩将乡村小巷的空间布置为呈现物品的奇特舞台，逗引着人们在观展时自发地窃语、盗听、窥探等。最终，展览不仅是呈现精美物件的平台，更是在国际设计群体中探究社会与文化议题的契机。在这个高速开发的时代，这些议题既是地方性的，也是普遍性的、不分国界的。

瑞典，斯德哥尔摩

装置
展览平面设计
环境导视

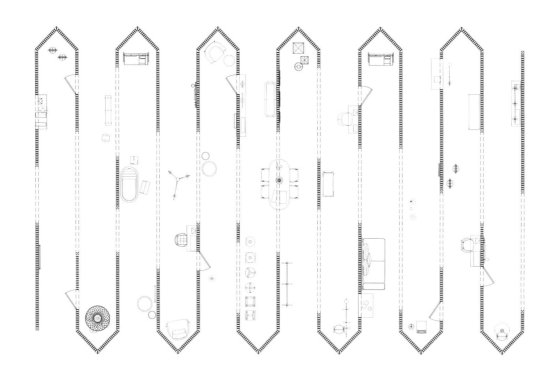

平面图

5 m (16½ ft)

落葉寒蟬小巷深
枯藤斜日半墻陰
——秋晚東海寓舍 袁凱

外向的家宅
吴宅

这个250平方米的私人住宅项目位于新加坡市中心高层住宅楼。业主的要求很简单:"我们希望这个三居室住宅能挑战公寓的传统概念。"为了迎接挑战,如恩反思"住宅"这个建筑类型的本质:如何才能突破平面的局限,让空间像顶楼公寓般采光充足?公共空间与私密空间该如何联系起来?应该在何时通过何种方式保留必要的私密性?"家"必要和非必要的功能组成分别是什么?该如何定义家庭生活?

如恩的设计颠覆了传统的公寓布局,使居室离于墙体,并用走廊实现各空间的连接。传统的高层住宅常常采用私人居室围绕公共起居室并靠墙排布的结构模式。而如恩却让私人居室成为核心空间,把公共流通区域设在其外围,从而实现各居室的连接。三间私人居室被巧妙地设计为三个独立且通透的体量单元,并用木材、石材或青铜镶边,使室内空间更具层次感,而最具私密性的房间——书房和卫生间则被三间私人居室围绕在内。剩余的空间则保持透亮,使公寓的开放性和外向性达到极致的同时,保留必要的私密性。如恩颠覆了公寓的传统空间格局,创造了更符合当代人生活方式的开阔型公寓。

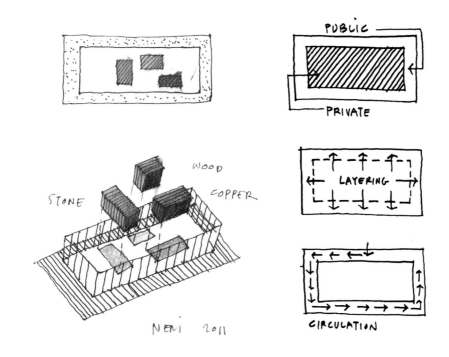

STONE

WOOD

COPPER

NERI 2011

PUBLIC

PRIVATE

LAYERING

CIRCULATION

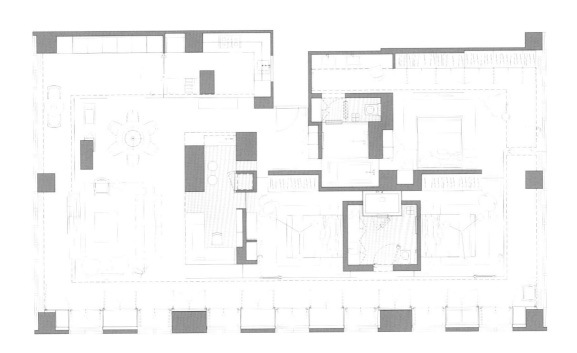

5 m (16½ ft)

1 厨房和餐厅　2 起居室　3 书房

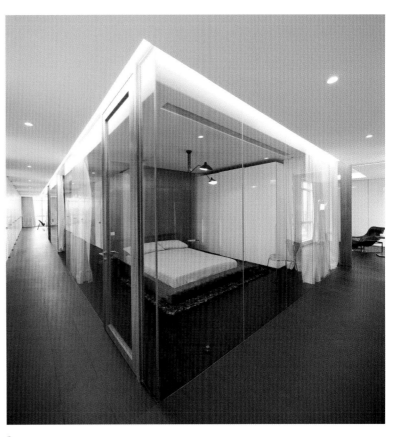

2

3

邂逅
彭博 (Bloomberg) 香港办公室

1978年,罗宾·埃文斯 (Robin Evans) 在《人物、门和通道》(*Figures, Doors and Passages*) 一文中,分析了空间平面中普通元素的相互作用和空间占用。事实上,每一处角落或是开窗都处于错综复杂的空间关系中,影响着人们使用空间的方式与习惯。如恩为香港彭博 (Bloomberg) 办公室设计的内部楼梯空间从场域营造的常见元素中获得灵感:窗户、通道、楼梯和"间"(在建筑学语境中,"间"常常被用来形容中间地带,通常由两个对比鲜明的空间环境构成,譬如内部与外部,公共与私人)。项目的挑战性在于如恩需要在楼板结构的限制下重新设计一个楼梯空间,为彭博的员工创造一段空间层次丰富的旅程。

新的楼梯空间融合了不同平台和内置座椅,构成了与香港自然环境及城市地形遥相呼应的景观。如恩采用嵌入式木盒子的概念重释了楼梯的空间形式,将人们的视野从维多利亚港 (很多香港的企业办公楼都看得到维多利亚港的景观) 转移到办公室内。楼梯空间由轻盈的榉木包裹而成,贯穿着骨料混凝土梯面和铜制扶栏。沿着楼梯行走,邂逅意料之外的视野。楼梯空间纵贯三层,如恩为每一层赋予了不同的功能,以适用于楼层的多样化布局。精心设计的旅程从25楼的接待层开始:宽敞的活动空间,木质的内置座椅环绕展开,以及小型集会空间,赋予了这一层外向开朗的性格特征。定制的隐藏细节包括折叠板后的充电接口、镜子和功能架,在不经意间关照着日常的办公生活。

步入26楼,楼梯空间被分隔成两个盒状空间,强调了层间的到达体验,来到入口处空间又豁然开朗,维多利亚港的风景尽收眼底。抵达27楼后,楼梯空间开阔而通透,将办公室的场景引入。楼梯体量大幅削减,大面积的开窗和透明玻璃将海港风景框入其内。如恩在休息区内设置了悬挑式的观景平台,从这里可以望向下方的楼层,获得奇特的视觉体验,同时也可以向外远眺,让怡人的海景为这段探索之旅画上完美的句号。通过精心的排列与组合,这些办公室内司空见惯的平凡细节被编排成一段丰盈的旅程。人们在此邂逅、驻足、交谈。

中国,香港

室内
产品
环境导视

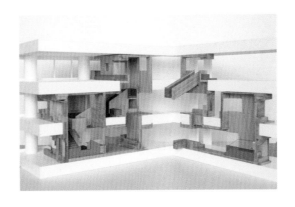

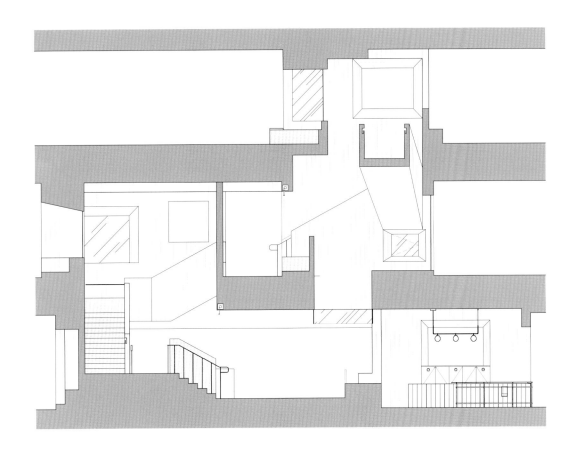

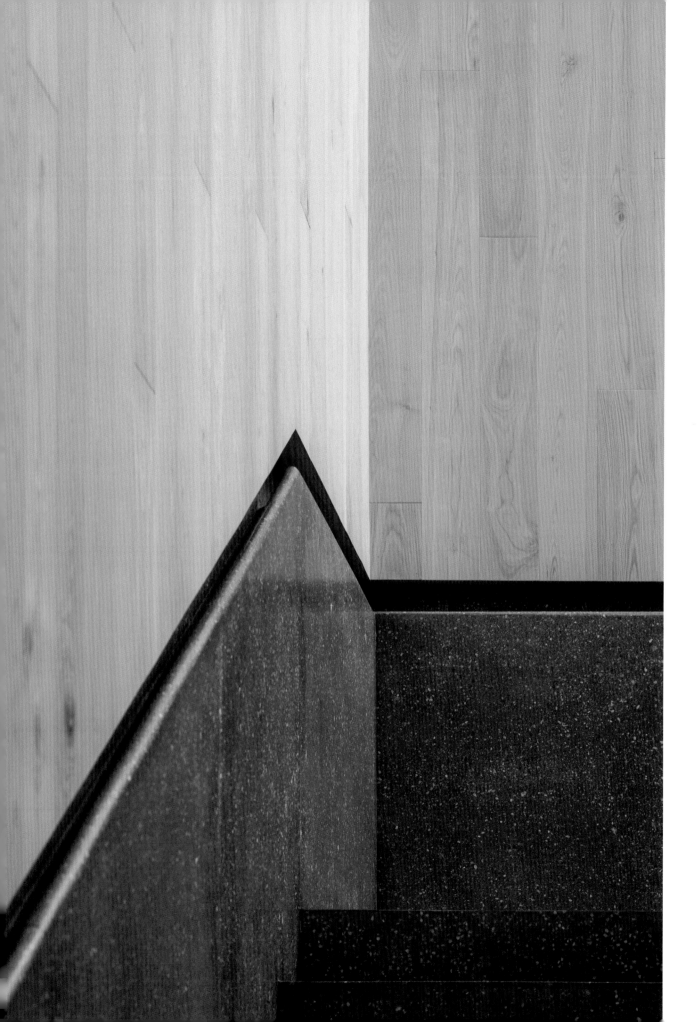

1

2

档案
郑州建业艾美酒店

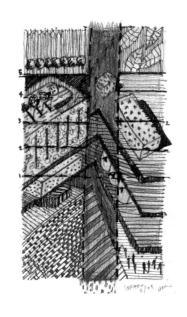

中原地区是中华文明的主要发源地之一,以今天的河南省为中心,向外辐射至黄河中下游。如恩在河南省核心城市郑州设计的建业艾美(Le Méridien)酒店,是对中华文明诞生之地的一首赞歌。如恩以"盒子"作为设计语言,将这座建筑设想为一座存放新旧文化遗迹的档案馆,本地居民和往来游客均能在这里有所发现、有所收获。每个"盒子"都包含与特定主题相关的空间功能,从而呈现了中原地区的文化艺术,包括文学、自然、美食、戏剧和图案艺术。这些功能各异的"盒子"仿佛一个个充满了情节与反转的叙事容器,共同构成了丰富的文化宝藏。

悬挑的铜制盒体在建筑立面上错落堆叠,其间板坯深度的微妙变化打破了原有建筑结构的庞大体量,而不同色调的绿色玻璃放大了盒体深浅的对比。盒子的体量延伸至建筑内部,铜制面板的延伸从而定义了建筑外壳,标注了入口和天花板。酒店入口是一片铜柱密林,迎接前来的访客。穿过大堂,迎面是以灰色条纹砂岩覆盖的四层中庭。受当地龙门石窟——中国佛教艺术的典范——的启发,如恩有感于其雕刻在石灰岩峭壁上的效果,运用了类似的挖掘与雕刻的语言,将跨越多层的公共功能在视觉上连接起来。在中庭顶部,别出心裁的黑色木盒往下翻折,连接顶层墙壁,同时覆盖了整个中庭。自然光线通过方格天花板上的天窗向下穿透,凸显了石墙上的沉积图案。

为了避免一般酒店走廊的乏善可陈,客房楼以一系列堆叠的中庭为设计亮点,三层楼高的空间同时也为艺术装置作品预留了展陈空间。每个中庭均有独特的主题,从神话到自然再到文化,不一而足。酒店的垂直空间令每个客房楼层都能窥视到独特的故事片段。明暗对比则是另一种叙事手法,在客房的设计中尤其得以呈现。灰泥和深色木墙板定义了起居室和休息区,而极简的浴室则以白色瓷砖装饰墙面,并由刻有河南月季花的磨花玻璃板做隔断——同样的主题也在建筑立面上以穿孔背光灯烘托的形式再次出现。

建业艾美酒店是如恩首次以"学科间性"为方法论而设计的大型项目。如果叙事的本质是一种细致的聚合艺术:将不同起源、时代、媒介和感官的片段连接在一起,那么艾美酒店就是如恩用全面的方法论进行叙事的试验,也是全方位体现历史传承的实践。

中国,郑州

建筑
室内
产品
环境导视

1 卫生间休息室 2 中庭 3 铁板烧餐厅 4 日式餐厅天花镶板装饰 5 日式餐厅台阶

幽静之境
上海素凯泰酒店

1

上海素凯泰酒店是喧嚣城市中心的避风港，为逃离日常纷扰的旅行者们提供片刻的宁静。这一项目将抽象的内心景致具象化，无论在实际环境还是在心理感知上，都是一个沉静的空间。在酒店的公共空间内，访客们在木质屏风和半透明窗帘所打造的围合笼罩下，产生远离城市之感。内省的氛围与精妙的细节和各种各样的自然主题相呼应：细节需要冷静而机敏的头脑来欣赏；自然主题使访客们能够近距离了解酒店名"素凯泰"的起源——在13至15世纪繁荣发展且具有丰富多样自然特征的泰国中北部早期王国。

线形的前台接待处以一面素色石墙为背景。比邻的酒店大堂中，灰色水磨石板错落堆叠而上升，勾勒出的主楼梯令人产生踏上飘浮台阶的错觉。轻巧的铜制扶手精巧地附于其上，既润饰了楼梯空间也增强了动感。上方的木制灯笼状结构笼罩了整个空间。编织的灯笼网格罩如同背景幕布，里面悬挂着一系列由铜与玻璃打造的定制吊灯，访客犹如身临荧光烁烁的森林一般。

在公共区域中，一系列具有隐喻性的景观依随功能变化而分布，从而决定了整体规划。如恩将设计隐喻置于抽象景观之中：网格柱阵和吊灯表达了秩序与等级的传统观念，而定制水磨石与釉面砖等材料则勾勒了自然界中的有机形态。以雕凿方式打通的各区域间保持着通透感：房间不一定用墙隔断，且主餐厅与大堂、入口也保持着连接。当访客漫步时，他们可以找到类似公园或花园中用于划分不同空间功能的内置式座椅。同样的景观主题也延续至客房。从花园中延伸出的小径将访客引导至楼上静休的客房。每间客房的私人区域都被构想为独立的"小屋"，由厚石墙和网格天花板围合而成，而整间客房则成为具有全部起居生活功能的独立"景观"。除"小屋"之外，开放的客房室内空间形成了采光充足的私密庭院，赋予访客内省的视角。

上海素凯泰酒店唤起了人们沉浸于自然中的愉悦与平和，但它并非呼唤人们"回归自然"的陈词滥调。酒店的设计是对原有塔式结构、既有局限性以及都市语境的针对性试验。每一位城市旅行者或都市居民都会理解这座都市避风港的珍贵之处：它守护着城市喧嚣中的一片内省净土。

中国，上海

室内
产品
环境导视

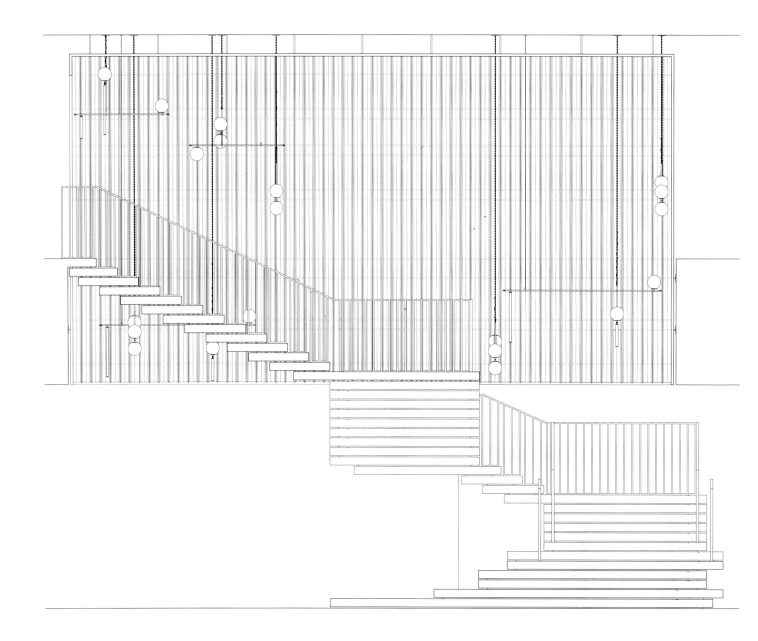

剖面图

3 m (10 ft)

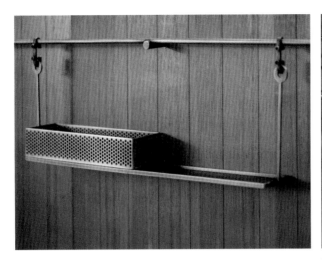

2

3

4

2 调味品托盘　3 定制灯具　4 电梯内部

6

7

8

① 基地图　　　　　　　　　　　　　　　　　　　　　　　　　100 m (328 ft)

二分宅再思考
田子坊私宅

阿尔弗雷德·希区柯克 (Alfred Hitchcock) ，
《后窗》 (Rear Window) (1954年)

这部电影探索了窥视行为的魅力和被人窥视的吸引
力。电影中虚构的环境与上海的生活场景惊人相似。
在上海被称为"弄堂"的传统小巷中，充满了秘密、欲
望与记忆，那里是中国城市和家庭生活的真实缩影。

弄堂建筑曾经以其独特的地域性民居形态遍布20世纪30年代的上海。然而，随着这座城市的高密度开发，如今的弄堂建筑或遭拆除或被破坏，正在慢慢消失。如恩接受委托改建的便是这样一栋位于田子坊历史及艺术区的弄堂建筑，整栋建筑几乎只剩下一个外壳。如恩的设计理念是重新思考弄堂建筑的特征，延续这个建筑类型的分离剖面构造，并通过嵌入新的构筑物和天窗来加强空间层次感。如恩在保留了弄堂建筑本身特性的同时，使其适用于现代的生活形态。

典型的弄堂空间内部被分为两个不同的空间：一个较长的长方形空间和一个位于半层楼之上的较小的空间，错落的高低差形成了分割的剖面，被盘旋而上的楼梯间连接起来。随着城市经济的变迁，过去总是由一户家庭独用的弄堂住宅也早已改变，现在通常为三户甚至更多家庭所共居。这些居住在一栋弄堂住宅里的家庭共用一道公共楼梯，因此楼道就成了居住在不同楼层和空间的街坊邻里发生互动的特殊场所。

为了延续弄堂生活的气韵，住宅里年久失修、不符合规范的木制楼梯被全新的钢制楼梯所取代。新楼梯在垂直方向上连接了三层空间，而在水平方向连接了前屋和半层之上的空间，与传统的弄堂建筑空间结构保持一致。然而，不同于传统的是，所有卫生间设施都被置入错层楼梯间内，以保持主要空间的纯粹性。卫生间本应该是公寓中最私密的空间，却紧靠公共楼梯间，仅用半透明玻璃进行分隔。这道楼梯模糊了私人与公共空间的界限，也是设计概念的出发点。它将分散的空间连接到一起，同时也为弄堂建筑中通常最阴暗的部分注入了活力与生命。

建筑立面上过去六十年中积累的层层装饰被清除掉。大面积的玻璃窗被嵌入建筑的正立面，照亮了每层楼最深处的角落。柔和的黑漆淡化了建筑的外部形态，将人们的注意力经玻璃开口吸引到明亮的室内。这些观景窗就像希区柯克的电影《后窗》中的那样，当人们凝视它们时，难免会对上海弄堂中蕴含的隐私、家庭生活、社区等概念产生疑问与思考。相较于传统巷屋中被遮蔽的内部空间，这些窗户暴露了建筑的内部，是一种大胆的尝试。通透的视角让窥视的目光得以延伸到室内，将周边居民的目光引入这个私密迷宫。如恩捕捉了弄堂的历史精髓，嵌入全新的抽象建筑构件以满足现代生活需求，为弄堂建筑类型在面临消失的历史时刻注入了新的活力。

中国，上海

建筑改造
室内

入口外部

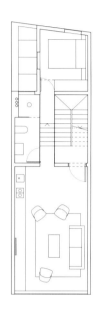

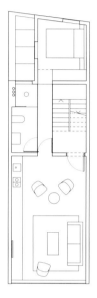

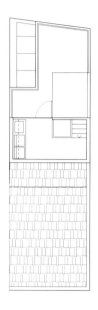

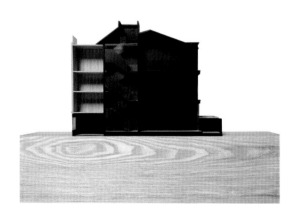

平面图

8 m (26¼ ft)

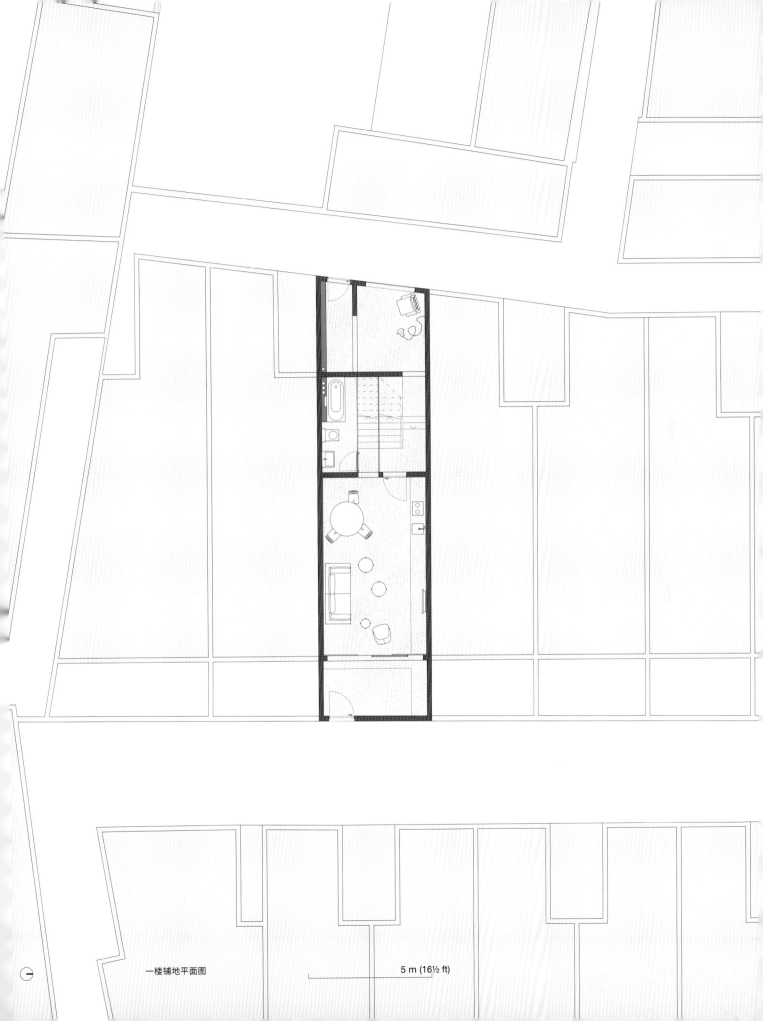

一楼铺地平面图   5 m (16½ ft)

1

2

5

三　栖居

"家"和"在家"的状态是一种心理建构，来自对庇护、隐私、亲密关系以及安全感的主观感知。居所承载着我们日常生活的印记，随着岁月流逝，它们亦充当起堆积生活足迹的容器。除此之外，居所体现了我们的价值观，显露出我们内心深处最亲密的生存感知和个人依恋。尽管栖居经常与家庭生活联系在一起，但它实际上是一个类似游牧的概念，不受计划和地点所限。在哲学家马丁·海德格尔（Martin Heidegger）看来，只有在拥有生存能力后，我们才能建造；居所是人类本能的表达，反映了人类与物理世界建立紧密联系的意图。"栖居"（dwelling）意为"建造家园"或者"居所"，其多层含义起源于古英语中的"dwellan"一词，随后逐渐衍生出"诱惑、阻碍、误入歧途和流连徘徊"等相关含义。正如加斯东·巴什拉（Gaston Bachelard）所述，居所与世界之间的冲突导致了双方之间的较量——居所阻挡着世间的风霜雨雪，顽强地存在于这个世界上。[4]基于这种矛盾关系，如果边界的概念能被视为"存在"的起点而非终点[5]，那么栖居的力量则植根于其对立面——栖居与非栖居体验的相互对立，揭示了生命的辩证关系。

本章节中的许多项目空间都具有庇护、休憩和内省的特征。然而，静修并不代表对外界生活的排斥。一个人要想领会"栖居"的本质，便需要离开日常单调的生活一段时间。在一些商业项目中，如"帷集星座"（第149页）和"炉"（第165页），如恩引入了家庭生活的元素，从而使建筑空间与城市栖居的体验连为一体。本章节中的酒店项目揭示了游客和旅者之间的区别。正如保罗·鲍尔斯（Paul Bowles）在小说《遮蔽的天空》（The Sheltering Sky）（1949年）中所描述的那样：我们欢迎想象中的旅行者，"此地和彼地对他们而言并无区别……在那么多停留过的地方里，他觉得很难说清到底哪里才最像家乡"[6]。在巴什拉看来，家是回忆和期冀的仓库，是培养人类想象力必不可少的事物。如恩在"阁楼"（第155页）中探索了这一概念：办公室中的隐蔽阁楼空间，成为员工短暂休憩的地方，使他们重拾儿时捉迷藏所带来的兴奋与乐趣。为了纪念逝去的亲人，如恩在"怀想之家"（第179页）中设计了一座中央花园。集体记忆构筑的栖居空间，也成为个人的庇护之地。居所，将人与自然彼此连接。

  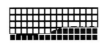

帷集星座
集丝坊

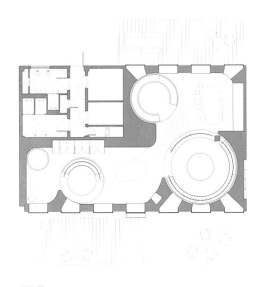

平面图

如恩为集丝坊设计的品牌集合店位于上海上生新所创意园区,园区由租界时期的保护建筑和20世纪20年代的前工业园区组成。原布料生产商集丝坊的生活方式集合店坐落于园区一角,占据了一栋后工业建筑的首层——原有建筑的灰色混凝土外墙被沿用下来,犹如一件城市文物。项目的核心概念旨在探讨建筑与时尚之间的关系,以及采用悬垂的纺织品来界定空间的方式。

集丝坊的入口面向园区内的广场,由一系列间隔规律的深窗组成。外墙被处理成一具厚重、连续的外壳,规律间隔的开口吸引着游客探索内部空间。相对地,室内放弃了所有线性的几何空间,转由一系列圆形空间作为焦点。室内设计概念的出发点基于19世纪德国建筑理论家戈特弗里德·森佩尔(Gottfried Semper)的观点,即原始织物墙是建筑的四个基础要素之一。这个观念反驳了原始棚屋作为建筑原型的常规看法。[7]如恩将悬挂织物作为分隔、围合空间的方式,以此探索并强调集丝坊在织物制作方面的独特传承。

步入门店,访客会发现自己沉浸在一连串形如"灯笼"的围合之中,由悬挂的圆柱形织物制成。尽管悬挂的织物隔断几乎毫无重量,但围合的大小不一、形式各异,赋予不同零售区域独特的空间特征。每个"灯笼"都在品牌内划分出不同的产品类别。在一个安静的空间中,琳琅满目的产品互相呼应,仿佛谱写出一首赞歌。这些发光的围合空间分散布局,以实现不同的功能:私人更衣室、家居用品展示区域,以及一间设有直径7米的中央展台的大型展厅。悬垂在圆形木板下的围合遮罩成了悬挂衣物的背景,凸显了它们的特质,同时屏蔽了外部环境产生的视觉干扰。当访客在织物屏风周围走动时,层层的轻薄织物亦模糊了空间的界限。

室内空间由精心搭配的自然材料组成,包括有机棉、浅橡木、亚光瓷砖、生钢、再生砖和未完工的混凝土。地面和周边墙体的冷静持重与灯笼的缥缈、轻盈形成了对比。地面是沉重的土石方工程,由混凝土和同心圆排布的再生砖修饰完成。砖砌地面不时会升起成为桌面,打造出室内景观,在沉重与缥缈、雕刻与建构之间游移。周边的墙壁被处理成加厚的poché墙体(poché,在建筑平面图中以填充形式表示的实体部分,如墙体或柱),表面上排列着饰有凹槽的象牙色陶土砖,将室内的曲线形式与立面上理性的间隔开口相结合。通过一系列视觉和感官上的对比,以及对材料的深刻理解,如恩营造了融合感性与沉静的亲密氛围。

中国,上海

室内
产品

1 精品店内景　2 陶土砖箱上的挂钩　3 外墙上的窗户　4 砖砌展示墙

2

3

4

阁楼
创明鸟上海办公室

加斯东·巴什拉在他开创性的著作《空间的诗学》(1958年)中将房屋比作灵魂的栖息处,其中地下楼层代表深层的潜意识,阁楼则是宁静而理性的思考空间。在我们的想象与记忆中,阁楼常常被遗忘,在矛盾的同时又充满可能性,既黑暗又光明,既亲密又宏大,令人生畏也令人欣慰。如恩从阁楼矛盾而神秘的特质中得到启发,将这一处具有工业质感的顶楼空间改造为全球知名战略咨询公司创明鸟(Flamingo)的上海办公室。

基地本身就是设计的主要驱动。如恩在原有的平直屋顶层置入了A形钢结构,勾勒出一个阁楼般的空间,强化并提升了现有体验。同时,如恩将若干A形轮廓的"小屋"嵌入混凝土基台,打破了原本均质的空间。如此一来,屋顶不再由单一的元素构成,人们可以从不同角度和尺度体验办公空间的多层次性。

穿过开放的工作区域,人们首先会感受到原有空间开阔的视野,黑色金属网板构成上方明亮的天窗。展示区域设有浮顶,将空间封装其中,同时凸显空间的开放与灵活。另一方面,会议室完全封闭,但也拥有双面倾斜式屋顶,以及模仿自然天光的照明装置。通过一部狭窄的楼梯,人们可以进入一个小夹层,在这里,人们将感受阁楼的最佳体验。夹层区有大小各异的办公室。透过其中一间小办公室的窗户,可以窥视到其他房间中的活动——让人们得到审视自己所处空间的片刻。

基于项目客户的研究性观察工作所需,如恩在空间内设计了由单向镜划分的办公室。为了体现"窥视"的概念,如恩将不同类型的玻璃——透明玻璃、磨砂玻璃和单向镜分散点缀使用,这样观察者和被观察者的角色可能在任何情况下反转,使人们处于一种轻微不安的状态。通过精心设计的开口和分层材料,每一处围合空间都成了比特丽斯·科伦米娜(Beatriz Colomina)眼中的观察装置——"一个产生主体的观察装置……其会先将使用者框定"[8]。这是建筑所拥有的滤镜,我们借由它审视别人,亦审视自己。

中国,上海

室内
产品
环境导视

1

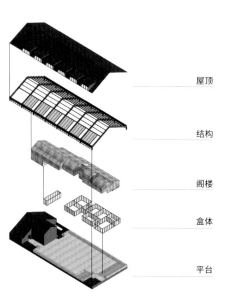

屋顶

结构

阁楼

盒体

平台

2

3

4

绿洲
吉隆坡阿丽拉孟沙酒店

1

如恩设计的阿丽拉孟沙酒店项目将网格结构与繁茂的植物相结合,舍弃了建筑和自然的人为区分,转而将理性的设计思维与当地生生不息的节奏融合在一起。项目位于吉隆坡两块前殖民地区的交界处——被称为"小印度"的布里克菲尔德街区和新兴街区孟沙。阿丽拉孟沙酒店不仅将当下的语境与过往的记忆交叠,也将室内外连接,形成由精心排布到未经修饰的过渡。

严谨的结构网格定义了酒店内外层的逻辑:在规整化立面的同时,亦可作为容纳酒店内部功能的框架。客人从一层结构网格上均匀分布的间隙步入下层大堂,即刻沉浸在一片枝繁叶茂的林木景观中。来到位于42层的上层大堂,双层挑高空间迎面而来,开放的采光井将自然光线引入,并将视野延伸至吉隆坡的城市景象。如恩在开放的空间中央设置了泳池,在引入水元素的同时,再次强调了项目的自然属性。戏剧化的阶梯从大堂空间向下延伸至泳池,呈现出邀请的姿态。这个戏剧性的空间有意将"天然"与"人造"以意想不到的方式结合,在理性且规整的结构网格中,为住客带来焕然一新的身心体验。

结构网格从中间开放形成庭院,使酒店内的所有活动都围绕庭院展开,以重新审视传统意义上人造的室内空间与常规认知中自然的室外环境之间的二元对立。环绕于中央庭院的酒店公共空间跨越三层楼,由梁柱网格阵列构成,不仅在喧嚣的城市中守护着中央庭院,也框出了令人惊叹的城市景观。定制家具和手工铜质细节成为以灰石材、白灰泥与巴劳木为基调的素雅空间中恰到好处的点缀,为这座城市绿洲增添了一丝柔美与精致。

客房的设计由两个基本要素构成,即"小屋"和"内庭",进一步模糊了室内外的边界。若将聚集的客房比作村落,那么"小屋"则是承载了日常起居功能的室内空间。浴室犹如飘浮的盒子般被置入"小屋"中,四周形成可自由穿梭的动线。客房一端临窗的区域是室内庭院,为住客提供了一处欣赏孟沙街区及远处宜人景致的私人庇护所。

马来西亚,吉隆坡

建筑改造
室内
产品
环境导视

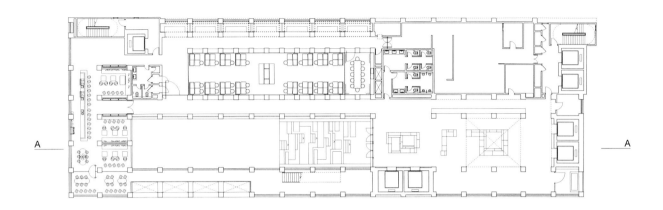

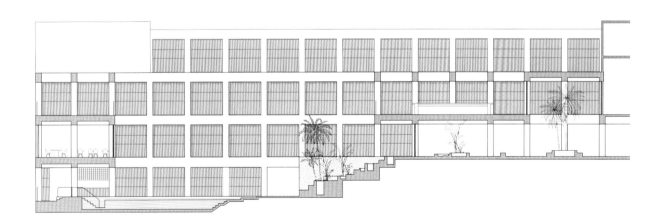

平面图 | 剖面图

20 m (65½ ft)

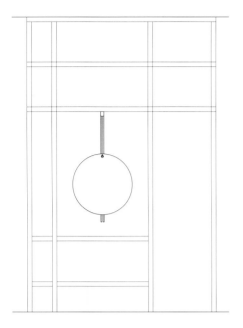

镜子 1：50

吧台椅 1：20

躺椅 1：20

定制家具

3

炉
Chi-Q韩国餐厅

由如恩设计的Chi-Q韩国餐厅空间位于上海历史悠久的外滩三号,探索了庇护、围墙和壁炉象征意义的原初概念。Chi-Q是全球顶级主厨让-乔治斯·冯格里奇顿(Jean-Georges Vongerichten)在上海的餐厅,展示了他对传统韩式料理的独特理解。餐厅主打高档韩式烧烤,这类料理的烹饪和用餐都集中在餐厅内的多个火源周围。火唤起了壁炉原始的温暖与庇护感。如恩受此启发,试图打造以食物连接人与人之间关系的用餐体验。

设计由三个关键元素组成,彰显了对比与互补力量上的协调,同时强调了原始的物质性和精致的工艺感之间的平衡。半下沉式的座椅体现了"壁炉和土堆"的室内景观;"围墙"元素在围屏中得以体现;悬起的"棚顶"将所有元素统一在"家"的形象中。餐厅的入口处覆盖着木炭条,连同定制混凝土地面,让人联想起韩国传统家屋的入口。穿过木制的过渡空间来到木拉门前,长吧台隐藏在门后,用餐者可以在此欣赏室内的庭园景致。在半下沉式长沙发的引导下,用餐者来到位于中庭的公共餐桌。中庭的外形表现为统一所有元素的屋顶,形成的垂直空间是餐厅的核心所在。定制的玻璃球灯从屋顶垂落,照亮了原本昏暗的室内空间。如恩对浇注的骨料混凝土、手工雕刻的橡木地板、氧化生钢板、定制吊灯和烧杉板等定制材料进行了大量的研究。餐厅的材料和光线营造了一种冥想、沉思的氛围,在复杂与质朴间形成精妙的平衡,在视觉、听觉和触觉各个层面默默影响着来访的用餐者。

中国,上海

室内
产品
品牌策划
环境导视

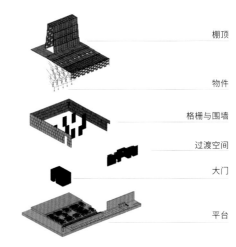

棚顶

物件

格栅与围墙

过渡空间

大门

平台

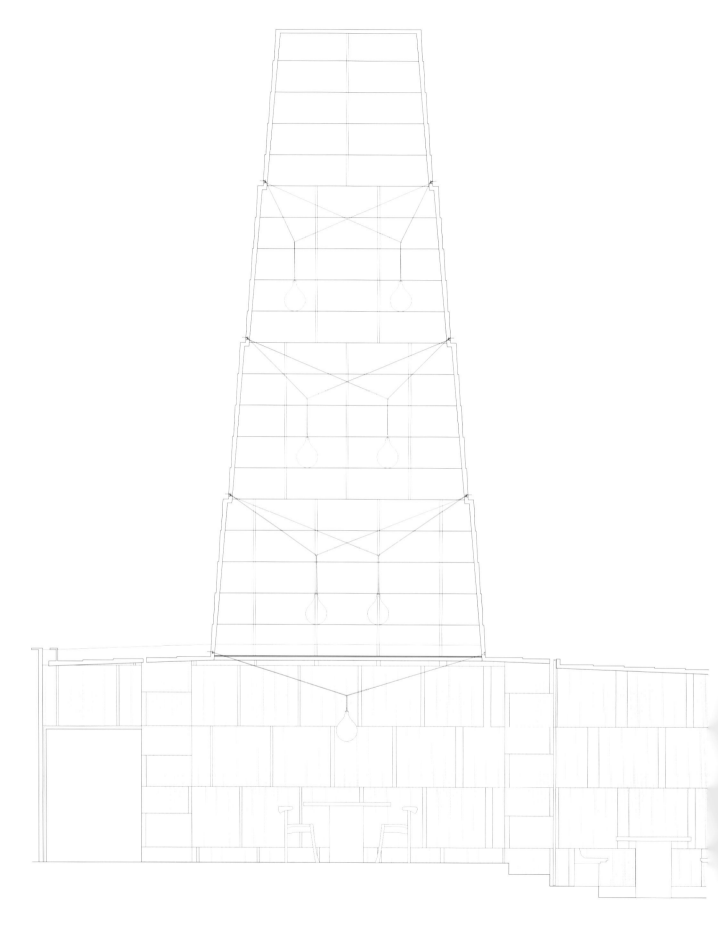

剖面图

2 m (2½ ft)

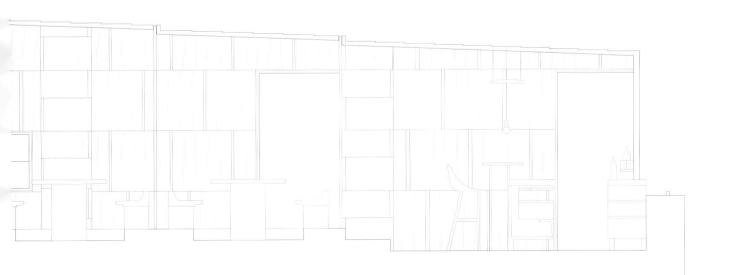

静谧
金普顿大安酒店

1

金普顿大安酒店位于中国台北充满活力的大安区,其设计围绕着"室内庇护所"这一概念展开。退避于繁华市井之地的酒店为旅客带来宁静和舒缓的感觉,同时保留了这座城市独有的丰富的文脉与生机。"室内庇护所"的概念贯穿酒店的各处空间,体验之旅经过精心排布,消除了视觉纷扰——既强调了此间的过道,亦突出了每一个邂逅的时刻。

访客步入一楼大堂,空间尺度宜人的接待大厅在此等候,旅程就此开始。大堂的关键设计元素是雕凿式天花板的置入,随着自然光的引入,变幻的光影凸显了空间感。雕凿式的天花板高低不一,打造出不同的空间体验:休息区的挑高较低,而入口处则"雕刻"出双层挑高。休息区的墙上设计了特别的开窗,将室外花园的景观框入其内。墙上的瓷砖呼应了台北街巷中随处可见的瓷砖贴墙,成为休息区一道静谧的帷幕。精致的金属元素也是从周边楼栋的窗户和外墙细节中汲取灵感而来的,诠释着这座城市层次丰富的手工匠心和文化印记。

酒店的客房将"庇护所"这一设计概念所代表的亲密氛围和个人体验展现得淋漓尽致。木质的过渡空间划分出房间内不同区域的界限,并在现有空间中创造出新的空间。这"围合"而出的新空间,也成为一个短暂的庇护所,一个冥思的内向空间。浅色的木质门窗,为住客提供了内外交错的视角。金普顿大安酒店是由住宅楼改造而成的,因此设计不得不围绕原有布局的限制而展开。酒店设有不同房型。设计师为每一个房型都定制了木质结构,以满足住客的需求。门窗与木质结构融为一体,将住客的视野自然地延伸至室外。

与客房所营造的体验有所不同,餐厅是对公共用餐体验的生动描绘,还原了台北丰富的街市文化。如恩借鉴了亚洲常见的空间类型,使用纵贯串联的恩菲拉德式墙体划分出不同的公共区域,圈隔出一系列相互连接的空间。从立面角度看,恩菲拉德式墙体借助木质支撑立于地面之上;从俯视角度看,这些墙体脱离了原有建筑,形成一种"临时建筑"的感觉。壁纸的设计灵感来自台北的街头巷尾,以色彩丰富的波纹瓷砖和金属制品图案为特色。在酒店空间内的每一次探索都会给访客带来新奇的感觉,引导他们思考在当代语境中旅行与居所之间的关系。这座城市庇护所提供的反差感使访客从平淡的日常生活中抽离,而生活的种种仍以抽象而虚化的图形,与酒店中的访客共存,轻声地向他们诉说那触手可及的市井生活。

中国,台北

室内
产品
品牌策划
环境导视

类型a

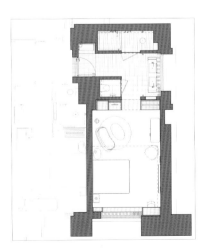

类型b

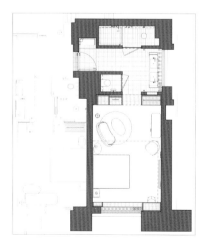

类型c

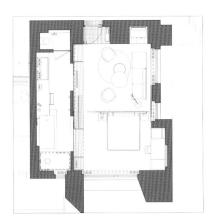

类型d

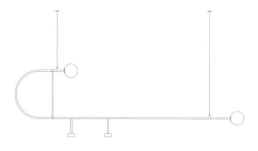

大堂灯具 1：50

餐厅灯具 1：50

门厅长椅 1：50

标志

 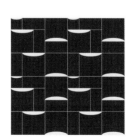 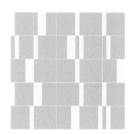

壁纸图案

2

3

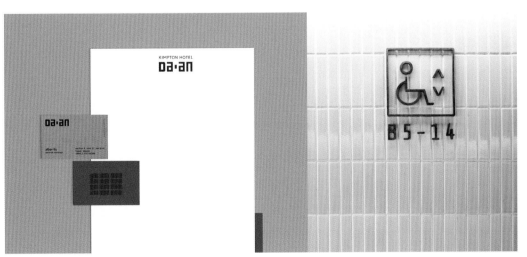

4

5

6

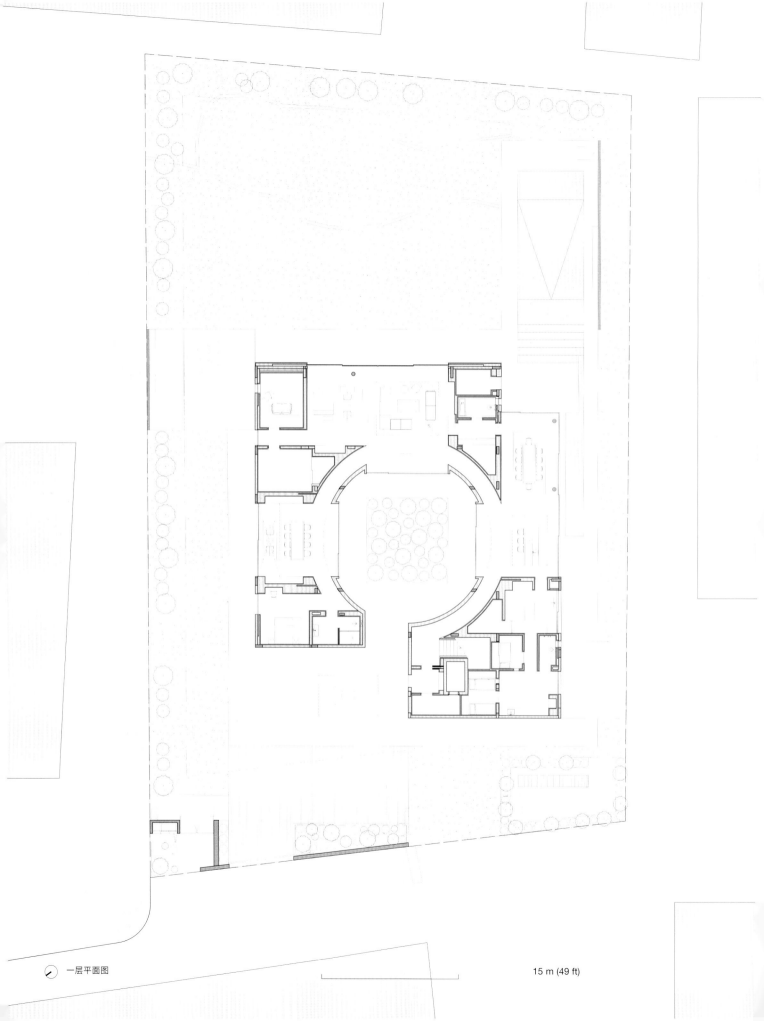

一层平面图   15 m (49 ft)

怀想之家
新加坡私宅

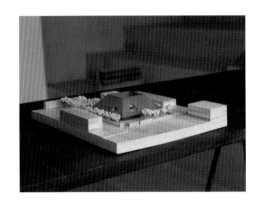

多代同堂的传统四合院是儒家思想在栖居空间上的诠释,"同一屋檐"隐喻了共居的概念。在新加坡私宅项目中,如恩从四合院汲取灵感,使建筑成为连接家庭成员之间情感的纽带。在委托时,业主提出了一些构想:首先,原址重建的住宅空间能够容纳兄弟姐妹三人及各自的家庭;其次,能有一座花园,以纪念他们已故的母亲;最后,保留旧建筑中的坡屋顶设计,作为他们童年回忆的寄托。旧建筑带有英国殖民时期独栋平房的风格,融入了维多利亚风格的装饰细节以及当地的传统马来建筑元素,其遮风避雨的深屋檐依稀可辨。鉴于当地的自然气候,坡屋顶满足了建筑的功能性,同时也是栖居者情感依恋的表达。如恩将坡屋顶的意象与四合院的建筑形式融合,为传统建筑带来新的诠释与解读。

如恩试图通过空间形式的表达来探索共同居住和集体记忆的概念。原址郁郁葱葱的植被沿着缘线形成自然绿化带,这一景致在设计中被保留了下来。新建的两层住宅围绕着中庭的纪念花园展开,连接所有的公共空间。花园作为业主先母的纪念场所,占据了露天庭院。一楼的栖居空间与自然相互对话。通透的玻璃墙面使所有的空间与内外花园连接起来。如恩希望将公共区域的视觉通透性最大化,包括客厅、开放式厨房、餐厅及书房。这样,无论居住者立于何处,都能在茂密的植被的环绕下,望向中央的纪念花园。在温度适宜时,居住者可打开大型玻璃门进行通风,亦可随时去往花园。

1

如恩在二楼的设计上沿用了坡屋顶的形式。坡屋顶具有"庇护"意义,同时,或将公共与私人空间进行划分,或模糊两者的边界。卧室均位于更为私密的二楼,隐秘于屋顶的山墙之下。从外部看去,整栋楼仍然像一座四面坡屋顶的独栋平层。天窗、卧室与阳台间的大面积玻璃墙,将室内视野向外延伸,同时引入室外景观。通过剖面的相互作用,三处双层挑高空间连接了一楼的公共空间与二楼走道。这些空间相互渗透,使居住者得以在私人空间观察公共区域,创造了垂直层面的视觉联动。

在步入纪念花园之前,屋顶上方的一处切口将一棵小树轻轻框入。阳台与采光井从坡屋顶的立面中雕刻而出,从光滑的屋顶外部过渡到内部木板纹理的混凝土。一楼的动线基于围绕花园的环形空间而设,既有沉静感又有流动感,赋予纪念空间神圣的冥思氛围。圆,无边无角,象征着身心的本源回归。纪念花园仿佛是"家"的心之所在。那永远无法触及的回忆,成为集体生活记忆中不会褪去的底色。

四　空间诗学

哲学家们说，
这是一种兼具内外的事物，
这是灵魂，但不是灵魂：
这是动物或人类自身存在的方式。

——费尔南多·佩索阿
(Fernando Pessoa)
《我将宇宙随身携带：佩索阿诗集》
(*I Carry the Universe with Me:
The Collected Poems of Alberto Caeiro*)
(1957年)

建筑与室内、外部与内部的二元对立关系一直是如恩寻求突破的主题。正如加斯东·巴什拉在《空间的诗学》中所说：这样的关系仅仅将人类经验简化为三维空间，无法代表栖居的多维性。如恩的许多项目都反复采用砌筑的手法，在空间中展开体块切割，若有似无地强化了图形与背景关系的概念。一方面，如恩希望构建经久不衰且易于理解的建筑形式；另一方面也遵从空间的可塑性来挑战对空间的单向叙事解读。如恩对于二元性的接纳源于对"物性"的复杂态度。虽然如恩倾向于采用厚重而坚固的建构语言来表达建筑的永恒性，但在确立了正式的可读性之后，如恩转而从内部对外部进行思考与审视。

如恩对项目的把控源于对"填充"（poché）概念所带来的微妙相互作用。罗伯特·文丘里（Robert Venturi）和路易斯·康（Louis Kahn）重新诠释了19世纪的poché概念——除了记录墙体厚度以外，poché赋予了空间以形态和个性。对如恩而言，poché的概念并非用来强化二元性，而是用来瓦解实与虚、内与外的对立关系。如恩从文丘里的实践中获得启发，将poché理解为显示内外之间相互作用程度的标尺。[9]如恩不断回溯poché对于建筑的作用，赋予建筑以等级和秩序，同时能够包容差异与张力。

在"镌刻"（第189页）项目中，人行道和戏院入口之间的上方开口将天光引入，给观众带来了戏剧性的前奏。"书屋"（第207页）和"谜"（第199页）均呈现出磐石般的外形，然而当内部功能施加对整体的影响时，建筑也逐渐被侵蚀、公示、从内部自审。在专注于poché概念之前，如恩也从戈特弗里德·森佩尔那里获得很多启发。森佩尔不仅确立了建构（tectonic）和砌筑（stereotomic）的概念，更质疑了建筑始于墙体建立的说法，转而将建造与非结构性的编织物联系在一起。如果对文丘里而言，墙体是定义建筑布局的转折点[10]，那么在森佩尔看来，"非结构性的空间分隔"则更有潜力动摇"物性"[11]。在"灯笼"（第211页）中，poché在图示上反转性地体现了文丘里所说的"开放式poché"（开放的剩余空间）概念，其中的线性元素紧密排布，呈现出坚实的外观，模糊了墙壁、屏风、顶棚、线性与体量的定义，从而形成一个紧密、坚固的栖居之地。

  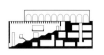 

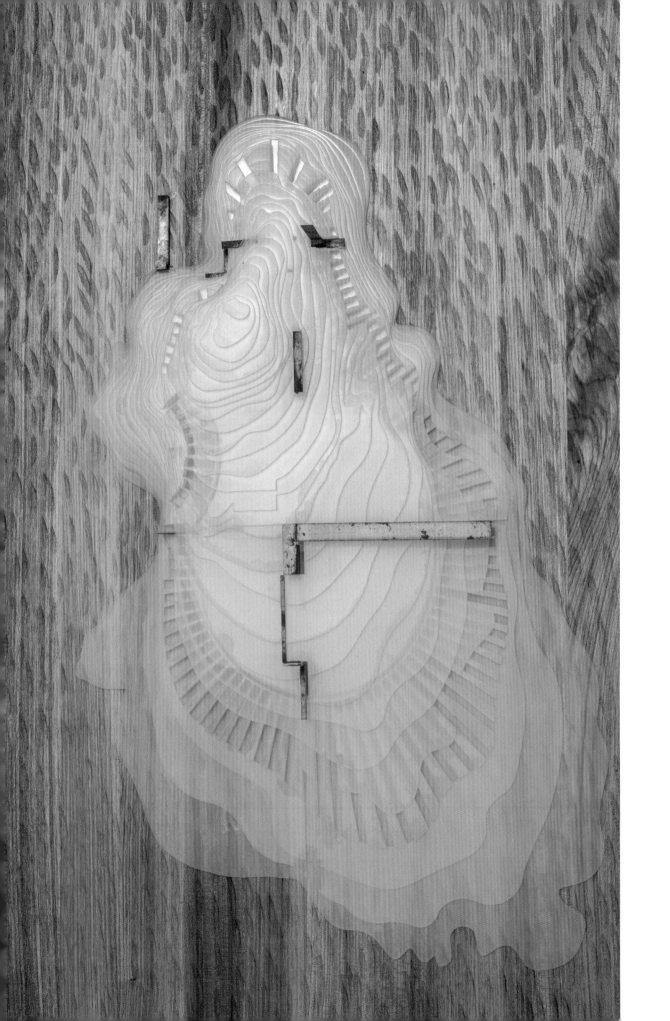

蚀刻之旅
第十四届威尼斯建筑双年展

"Tour"一词源于拉丁文词根"tornare"或希腊语的"tornos",意为旋床或圆形,加上"-ist"或"-ism"的后缀时,则意指圆周运动。"游客"(tourist)一词,在未受到商业化的影响前,仅表示"在圆周上移动的人"。

圆周绕行,归根结底与仪式相关。圆环中的旅程周而复始,起点亦是终点,象征着行为的完满。如恩试图将这种形而上学的旅程蚀刻到有形的场地上——它没有特定的目的地,是一种内在的、超越时空的旅程,可以让旅行者重新认识自己。

这里的基本居住单元既有共同之处又形态各异,正如每位居住者的个体同异。每个单元的平面布局完全相同,确保生活的基本功能需求;剖面上的布局则由各自特定的地形条件和日照轨迹决定。100个独特的房间由此形成。这些单元由一条连续的环形走廊相连,并与一系列横贯的隧道相交。公共空间同样被雕凿进地面,位于斜坡的地表,暴露在不断变化的环境中。

这种蚀刻构造的本质与空间创造的集体记忆碎片有关,于横跨古今的中西方文化中可见一斑。希腊的建筑规划牢牢地扎根于既有场地条件,如反映着地貌形态的古希腊剧院;又如回应着光与空气的苏格拉底之屋;再如突尼斯地下的穴居人住所,或是中国的窑洞。这些刻入地中的空间诗学成了全新旅程的语境。

在全球化趋势下,希腊式的生活正逐渐被人们摒弃。如恩提议回归最原始的居住方式,开启一段自我发现的内省之旅。

意大利,威尼斯

展览
展览平面设计

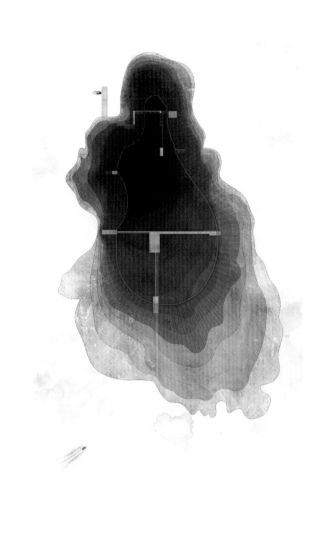

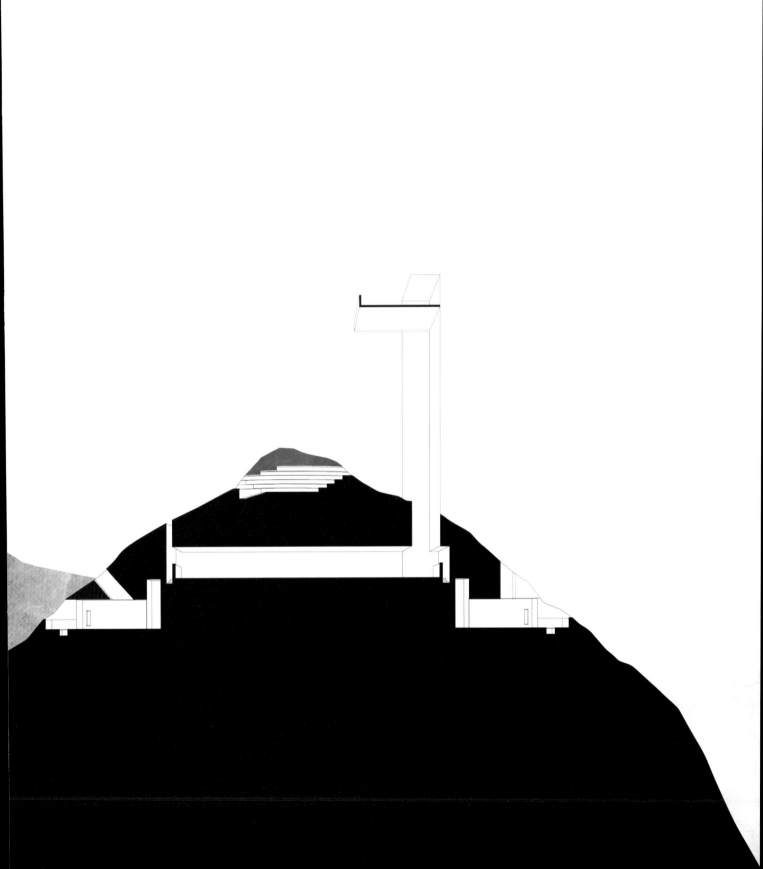

镌刻
上海大戏院

上海大戏院的前身是一座建于20世纪30年代的电影院,现存的建筑在过去几十年中经历了数番改造,很多原有的特色和建筑细节已被剥除,最后呈现在世人面前的是糅杂了各种风格和功能的建筑。因此,该设计面临的最大挑战是如何清晰地勾勒及重现这座历史建筑的宏伟感,使其与当代生活息息相关的同时,也能在上海这座千变万化的城市中经久不衰。

从街面望去,改造后的建筑如同一块悬停在地面上的巨石。二层和三层皆以石材包裹,相比于一般在立面上设置开口的方式,如恩转而以采光井引入光线和风景。设计从剧场演出中汲取灵感,在室内外的中庭也采用雕刻的手法,打造出犹如戏剧场景般的空间。观者在深入探索建筑的过程中,也将体验到不断变化的场景与光线。屋顶的采光井为室内引入持续变化的自然光,创造出动态的空间,而夜间的室内照明也模拟了光线的变化,为空间增添了更多戏剧性色彩。

一层的内部空间采用带有弧形凹面的铜条饰壁,犹如旧时剧场的幕布一般,将观者引入剧场——幕布效果的轻盈感与上层石材的厚重感形成了鲜明的对比。剧院的入口和售票区向建筑内部后退,形成一个与人行步道相接的半开放式公共广场,不仅连通了室内外的空间,也模糊了公共与私人空间之间的界限。这样一来,无论有没有买票,偶然经过的路人和大众都或多或少得以窥见这座建筑散发出的灵动的戏剧气质。

中国,上海

建筑改造
室内
产品
品牌策划
环境导视

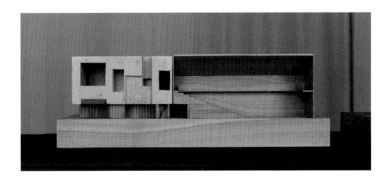

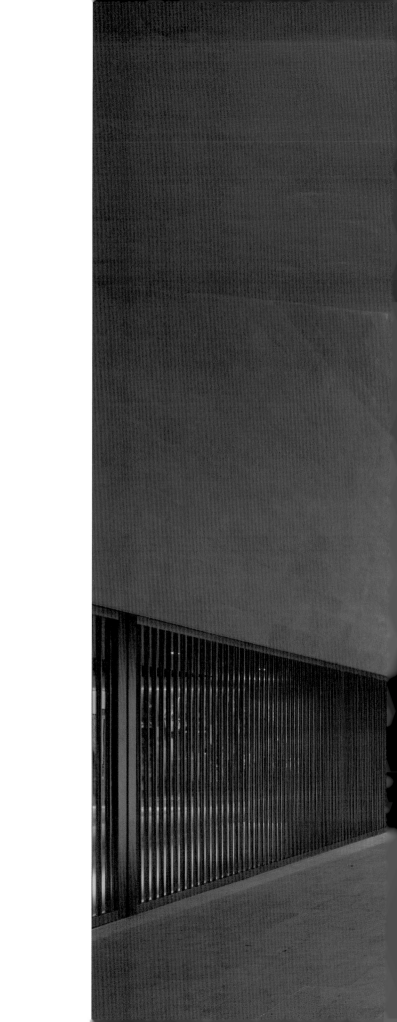

A ———————   ——————— A

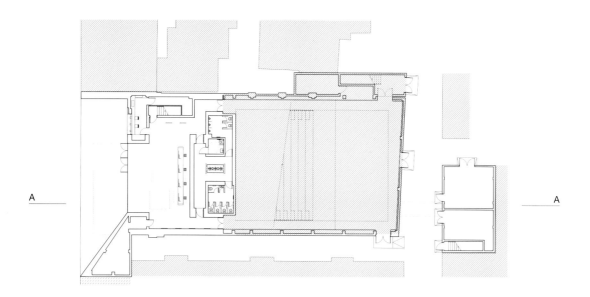

剖面 | 一层平面   20 m (65½ ft)

1 建筑内外部之间的过渡空间　2 人行道与建筑之间的过渡空间　3 大堂天窗

5

6

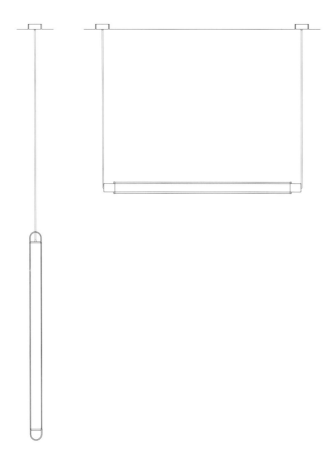

灯具 1：15

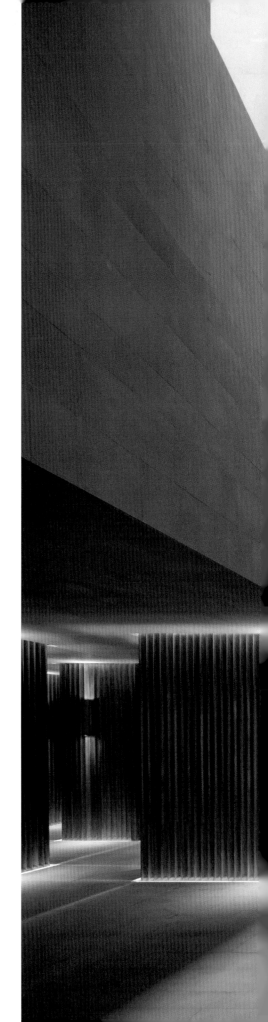

谜
科隆总部大楼

埃伦菲尔德原是科隆的一处工业区,如今摇身成为繁华的多元文化艺术区。项目的业主是当地创意产业的核心存在,希望在其旧办公楼旁建造一栋新楼,以呈现跨学科的设计理念。如恩的设计方案最终围绕着巨大的混凝土体量展开,形成了由内部向外部自然伸展而成的多元集合体,整体呈现出难以捉摸的外观,却也与周边环境及其构造相呼应。

如恩将占据较大空间的主要入口隐藏于建筑体中,令人不易察觉,一楼餐厅则是从公共街道进入楼内的唯一通道。餐厅的内部空间竖直向上延展,访客在进入的瞬间便可看到戏剧性的建筑剖面上的会议室及图书馆。建筑的另一端通往庭院。一系列的开口设计横穿建筑立面,内部空间也得以延伸至周围环境。当访客深入楼内,建筑空间戏剧性地转变为开放而互相连接的姿态。这些空间看起来仿佛处于"未完成"且"无用"的状态,却又好似邀请人们自发地占据、使用。三层通高的门厅上方设置了天窗,门厅另一端则融合了展厅、摄影工作室和餐厅。

二、三层是灵活的开放式办公空间。主楼梯作为主要长廊与街道平行,其最高点与建筑高度持平,通过天窗延伸至外。不同的功能空间围绕楼梯展开,不同楼层的使用者也因此不期而遇。办公楼顶层为复式居住阁楼,拱形的轻巧结构为业主及其家人提供了生活起居空间。低楼层为建筑的主要空间,上方置入的展厅空间可以作为工作、休息和仓储之地。与办公楼较厚重的混凝土体量不同,阁楼的拱洞由较轻的混凝土构件组成,形成了一处通透且采光充足的空间。

随着建筑谜一般的外表徐徐展开,人们可以观察到虚实之间的相互作用。厚重的墙壁、外部的附加构件与室内的空白空间,这些毫不相关的元素巧妙地融合在一起,展现了建构与砌筑结合的空间研究方式。只有当人进入一个看似无法被穿透的物体时,好奇心才会被强烈地激发。

德国,科隆

建筑
室内
产品

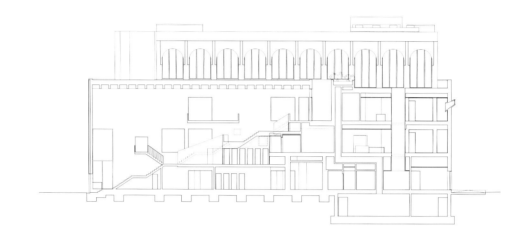

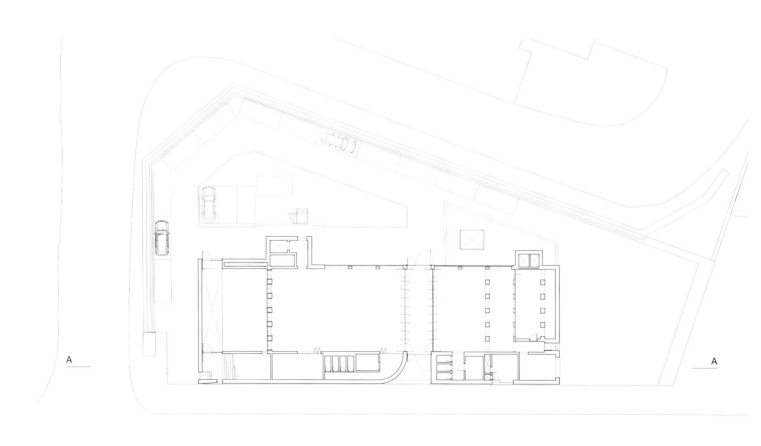

剖面 | 一层平面   20 m (65½ ft)

枢纽
虹桥天地演艺与展览中心

如恩在虹桥天地演艺与展览中心的设计中探索了两种迥异的建筑感受——厚重的砌筑造型(洞穴)和轻盈的建构结构(森林)。建筑的砌筑性渴望归属于大地,而建构性则试图脱离大地重力的束缚。在戈特弗里德·森佩尔看来,这两种建筑结构表达都体现了人类对秩序与联结、遮蔽与庇护的渴望,从而促使人类使用不同的材料来构筑。该项目的设计实践是对两种建造冲动的细致研究,讨论了砌筑与建构两种表达的共存之道,从而创造出新的建筑形式。

虹桥天地演艺与展览中心是文化艺术的萌芽之地,处于繁忙的虹桥交通枢纽上方,其建筑设计的灵感来源于庇护所的原始概念。如恩将都市景观带入室内,通过上下五层,营造出岩洞般的意象。墙体由灰色砂岩制成,呈现出洞穴的特征,其纹理也传达出沉积层的堆积感。经由轨道交通抵达的访客可以直接进入地下空间,在悬挂着无数金属管的天花板下,仿佛置身于丛林树根之下。极富戏剧性的自动扶梯隧道伴随着雕凿式的天花板将访客引至主展厅,让人在厚重的砌筑体量中感受这片三层高的林中静地。

如恩在成排的石墙上置入了木质掐丝结构,如同一个飘浮的罩棚,将空间转变为巨大的室内森林。这个次级层展示了建构的种种连接点,与砌筑洞穴的光滑及几何性形成鲜明对比。庄严的洞穴将建构森林反衬为焦点,如同有着丰富纹理的挂毯一般,反射着室内光线,在恍惚之间露出不远处的展厅。隐藏在主展厅上层的是一个"百宝箱"——悬挂着木质屏风的大型表演厅,犹如中国古代用于写字记事的竹简,"记录"着剧院里上演的精彩故事。"洞穴"的可塑性与建构组件的连接性构成了"枢纽"室内景观中的动态统一。在这里,线、面、体均有所表达,最终呈现出综合的视觉和感官语汇。

中国,上海

室内
产品
环境导视

1

2

3

1 中庭　2 多功能厅　3 定制瓷砖　4 自动扶梯区的天花板

4

书屋
Valextra成都旗舰店

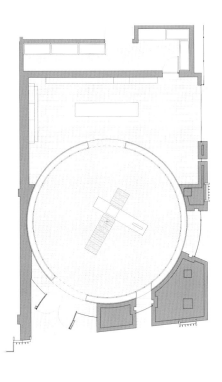

一系列相互关联的几何操作将室内雕凿为两个相连的空间："书屋"和"阅览室"。木质圆弧形结构环绕着"书屋"，从中穿行而过方可到达深藏于其后的"阅览室"。

来自意大利的品牌Valextra以其经典的高端皮具而闻名，品牌克制与热情相平衡的设计美学根植于其米兰血统以及匠心手作的核心理念。Valextra产品的设计特点是通过严谨的几何折叠造型，将传统材料创新化处理，创造低调而优雅的时尚单品。如恩为Valextra设计的成都旗舰店位于成都市中心，采用了与品牌理念类似的几何造型概念，并将其形式与功能相结合。旗舰店坐落于大型商业区一隅，雕刻般的直线建筑体通高两层，而整体又仿佛"悬停"于地面之上。为了使其从商圈中的若干零售店中脱颖而出，如恩为其设计了坚实的混凝土立面，旗帜鲜明地挑战传统零售空间的玻璃立面。悬停于地面之上的立面，透出室内点点微光，强化了超现实的建筑张力。

立面上的一系列几何操作和横竖向切割，激发了路人向内张望的好奇心，增添了偶然瞥见内部活动的趣味性。入口处的巨型拱门在几何上偏离中心，且部分拱顶因邻店结构而被刻意截断。一扇弧形玻璃门围绕入口，辅以黄铜把手与弧形绿瓷等细节。当访客被迎进"书屋"时，一个开阔的圆形空间呈现在眼前——取自当地的再生灰砖、带有凹纹的白色瓷砖以及胡桃木等材料共同组成了这个空间。定制的木制陈列架从天花板悬垂而下，增添了围合感与层次感。这个核心空间中最引人注目的便是陈列台，灰色地砖仿佛从地面升起，与坚实的白色大理石板相接。陈列台上方的深圆锥形通光口内壁被涂成红色，照亮了下方的展品，丰富了原本素净的室内色调。

"阅览室"则安静地立于整体建筑的后半部，回归了平直的空间形态。这个较为私密的空间将产品与访客围合在一起。内壁由曲面绿色瓷砖构成，得益于其釉面反光，墙面的视觉效果更具质感与深度。Valextra最有代表性的限量产品也展示在这个幽静的空间中，放置于材质层次丰富的展示台上。设计在此处得到了升华，不仅传达了如恩对手工艺细节的崇敬，体现了传统材料工艺和现代严谨美学的结合，也创造了既具有品牌识别度又适应中国消费环境的零售空间体验。

中国，成都

建筑改造
室内
产品

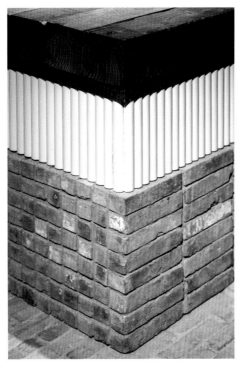

1 展示台细节　2 铺装细节　3 入口处

① 基地图

160 m (525 ft)

灯笼
雪花秀首尔旗舰店

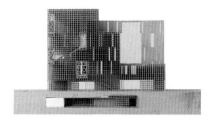

灯笼的字面和象征意义在亚洲文化和历史中非常重要。灯笼照亮漫漫长路，贯穿整个旅程，引领着行者穿越黑暗。如恩以灯笼的象征意义为设计灵感，将位于首尔的一栋五层建筑改造为韩国护肤品牌雪花秀（Sulwhasoo）的全球首家旗舰店。雪花秀将现代科学与古老的药草文化相结合，形成品牌特色。为了发扬品牌的历史，如恩的设计概念强调了雪花秀品牌与亚洲文化传统的紧密联系，体现了其对美学的追寻。

谷崎润一郎在《阴翳礼赞》（1933年）中叙述了他对技术和物件发展的思考，描绘了东亚尤其是中国和日本文化中特有的美学，即对朦胧微光的欣赏——在光与暗、清与浊之间徘徊的暧昧氛围。这与西方文化所热衷的明亮与通透感全然不同。[12]常见的灯笼通常由四面薄纸将蜡烛围合而成，在漆黑的夜晚透出柔和的光线。正是这种独特的感官呈现，传递了东方美学。项目的设计概念源于三个关键主题——特性、旅程与记忆。如恩希望创造一个极具吸引力的空间来满足访客的所有感官需求，将空间体验打造为层次丰富、值得无限回味的旅程。灯笼的概念最终以连续的黄铜网格结构呈现，串联的空间引导着访客探索店内的每一个角落。

建筑内的一系列空间留白和开口，使访客体验到金属结构的错综复杂。这些结构在空间中不断变化，围合出不同的功能区。如恩在以木元素为主的室内景观中置入了镜面体，使其反照着金属网格结构，从而创造出无限延伸的空间感。精致优雅的黄铜结构与厚重的实木地板相得益彰，部分木元素向上抬起，内部嵌入石块，形成木质展示柜，雪花秀的产品被精心地陈列在展示柜上。作为主要的引导方式，灯笼状的结构同时也悬挂了如恩为雪花秀定制设计的灯具，勾勒出优美的展示空间，将访客的目光聚焦在陈列的产品上。

不同楼层的空间为访客带来不同的体验。位于地下一层的SPA空间采用暗色的墙砖、土灰色石材及暖色木地板营造出亲密感及庇护感。向上层移动，材料的用色变得越来越明朗，打造出友好、舒适的空间。旅程在屋顶露台结束，细密的黄铜网格篷顶将周围的城市景观框定为空间的一部分，提供了极致的视觉体验。整段旅程糅合了诸多二元对立元素：围合与开放、昏暗与明亮、精致与厚重。从空间构筑到灯光处理，从陈列方式到标识设计，每一个细节都体现了灯笼的概念——在持续且朦胧的氛围中对神秘与美学的无尽追寻。

韩国，首尔

建筑改造
室内
产品
环境导视

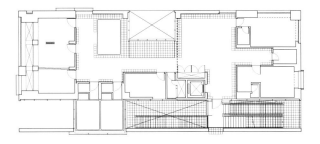
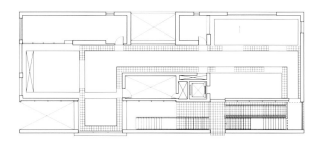

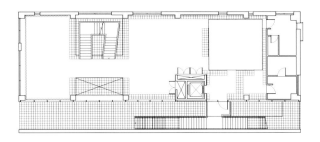
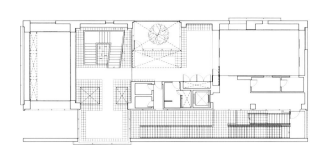

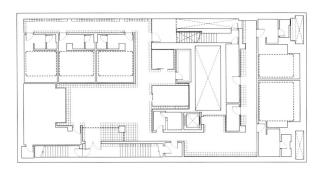
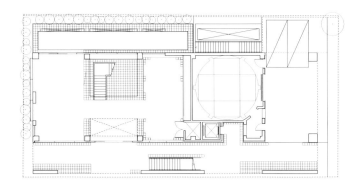

平面图

15 m (49 ft)

Sul Sole Va系列灯具 1：20，Viabizzuno

灯具与人们的日常生活息息相关。灯能够照亮一切，却常常被忽略。如恩追溯光的源头，将其视为珍贵却易碎的元素。Sul Sole Va系列灯具的接线十分精致，灯泡外露，而皮质系带和黄铜挂钩则提供了所需的结构支撑。玻璃灯罩将光源轻轻地包裹住，发出柔和的光晕。

Sedan扶手椅 1：30，ClassiCon

轻质、优雅、舒适的Sedan扶手椅由如恩为品牌ClassiCon设计。与Sedan躺椅一样，该设计的耐人寻味之处在于座椅曲面与方形框架的对比——在视觉上，前者好似罩子般将后者包裹起来。

街系列地毯 1：70，Nanimarquina

如恩从中国的街巷与园林铺装式样中获取灵感，并将其转化为层次丰富、织样细腻的街系列地毯。

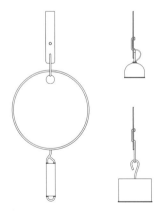

镜子与配重 1：10

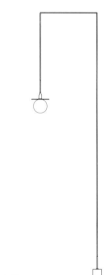

灯具 1：50

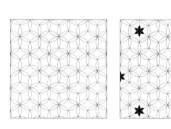

黄铜隔断移门 1：50

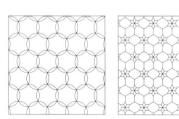

木制隔断移门 1：50

4

5

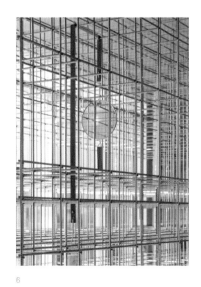

6

7

8

五 在地重铸

在这一章节中,如恩提出了一系列问题:当全球化和数字时代的到来从根本上改变了地方与全球、中心与边缘的传统观念,建筑学在身份认同的问题上将面临怎样的风险?肯尼思·弗兰姆普顿(Kenneth Frampton)推行的批判地域主义概念能为今天的建筑提供什么样的形式?这种概念与地方性现代表达的民族主义视角不同,其本质是反对(想象中的)西方主导的话语体系。有没有一种建筑,它既植根于地方特殊性,又能超越地域引起共鸣?

在过去的十几年间,中国内陆省份及农村腹地的经济水平高速发展。如恩的设计实践也随着城乡发展而不断演化,项目从中国的城市中心不断延伸至乡村地区,这引发如恩提出上述问题。面对这些,如恩调整设计方法,通过在地性、材料及地貌之间的不可分割性,为建筑寻找具有永恒性的当代表达。在设计实践中,如恩不断研究历史悠久的民间传统建筑类型,比如里弄、胡同、窑洞和城墙等。正如其他研究中国传统建筑类型的建筑师一样,如恩在实践中更多地思考如何将项目置于更广泛的历史语境中,并将在地性与文化传承纳入考量之中。除了建筑类型以外,如恩近期的研究更多地聚焦于当地建筑的材料与方法。比起直接移植,如恩试图以转译的方式重新诠释过去的形态与元素。

中国传统建造工艺因地而异,但使用的材料却相似且常见,如石材、砖、混凝土、泥土、灰泥和瓦片。如恩在数个项目中都使用了再生砖作为贴面材料。这些砖从中国各地的拆迁场地回收而来,重新组合成为富有质感的图案。随着时间的流逝,它们也拥有了历史的斑驳之感,仿佛已经在此栖息数代。对再生材料的重新利用不仅是可持续发展的建造方式,也是一种将时间凝固的构造方法,在建筑立面上留下了历史的痕迹。面对农村地区粗粝的建筑,如恩选择接纳和拥抱不精确中的简约原始之美。如"庇佑"(第225页)粉刷后的白墙也许不像地中海建筑那般纯净,但在江苏湿润的气候里,柔和的灰与绿仿佛中国水墨画的笔触一样。

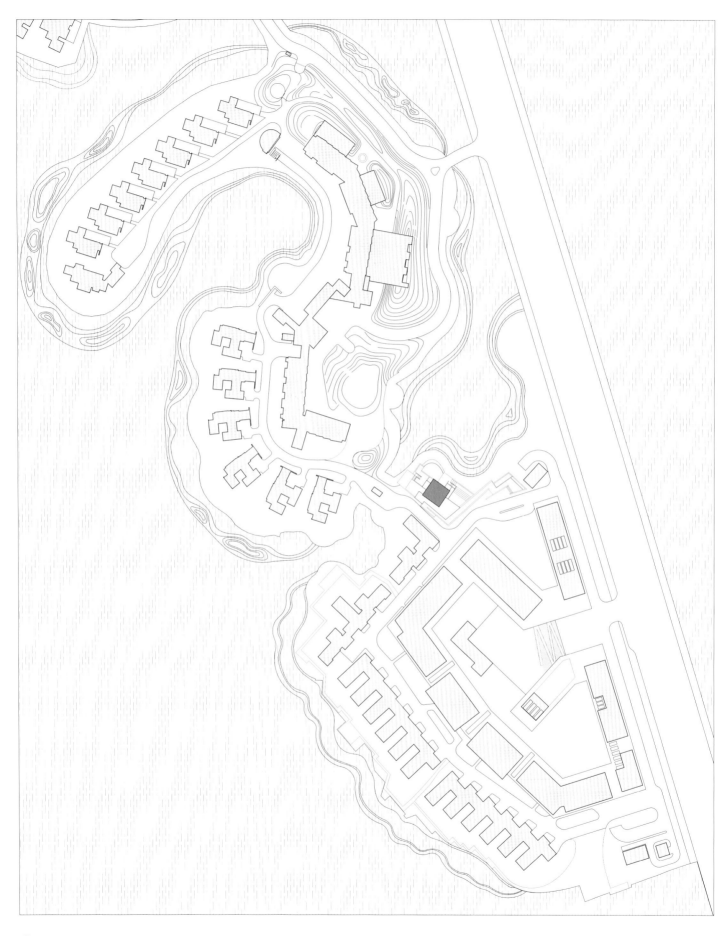

100 m (328 ft)

庇佑
苏州礼堂

苏州礼堂位于风景秀丽的苏州阳澄湖畔,地处音昱水中天住宅休闲中心,为该社区居民提供了一个心灵的避风港。相较于一般宗教建筑设计的针对性,苏州礼堂以普世包容的"灵性"精神为内核,使这种精神在东西方文化中均可被理解。设计沿用了宗教建筑的经典策略——流线的控制、光影的交叠、空间的对比,以及令人愉悦和惊奇的元素等。礼堂因此成为社区居民静心冥思之地,也为气氛轻松的集会和庆典提供了场所。

苏州礼堂的设计语言源自中国江南地区粉墙黛瓦的民间建筑,柔和且有质感。参差错落的砖墙在精心的排布下形成别致的景观,访客于此开启旅程。这些从全国各地的拆迁场所收集而来的灰砖,是对人类文化和历史的延续。对作为社区核心建筑的苏州礼堂来说,这一点显得尤为重要。砖墙以多种砌筑样式组合,形成质感层次丰富的建筑立面。随着时间流逝,绿苔在砖墙上蔓延生长,建筑也悄无声息地融入了周边的风景,其上斑驳的痕迹仿佛在诉说其世世代代的存在。

白色的立方体建筑分为内外两层:内层是四面设有不规则开窗的简单"盒子";外层则是一层网格状的金属板——如薄纱般笼罩着建筑,影影绰绰。双层立面赋予建筑体神秘而奇妙的观感:日间,阳光下的白色盒子折射出隐约的柔光;夜晚,它又变成一座如明珠般闪烁的灯塔。白色盒子内部是敞亮的礼堂主空间,挑高12米,其上方的夹层被由木质百叶围合而成的"笼子"所包裹。如修道院一般朴素的空间,在网格式排布的明亮吊灯以及精美铜制细节的装点下,平添了一抹精致与优雅。定制的木质家具和精细的手工也在灰砖、水磨石和混凝土组成的主调中补上了些许温度。访客可以沿着礼堂主空间一侧的独立楼梯直达屋顶露台,在领略室外湖景风光的同时,也不经意地收获了室内景致。

中国,苏州

建筑
整体规划
室内
产品

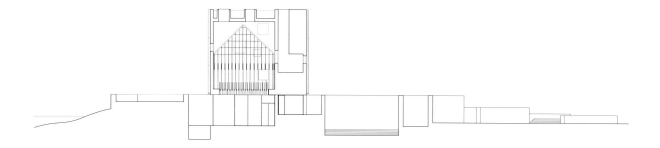

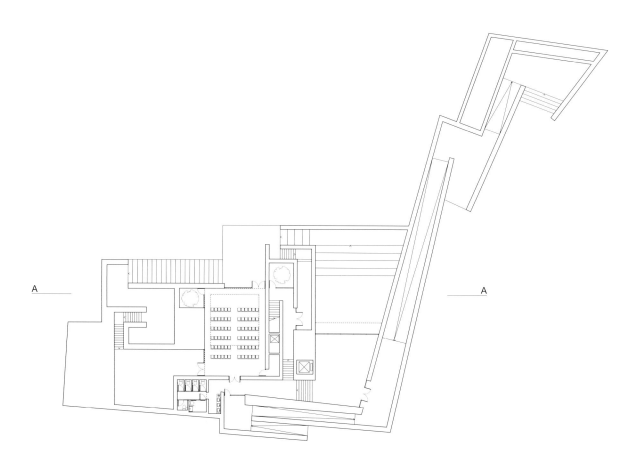

A ——   A ——

剖面图｜一层平面图   20 m (65½ ft)

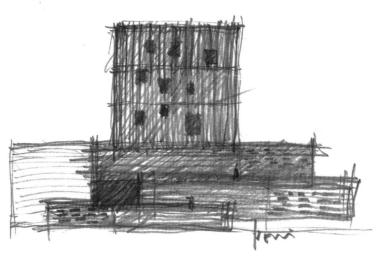

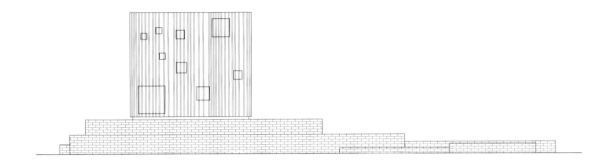

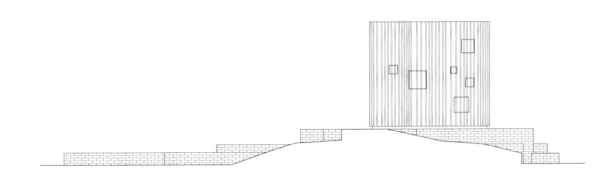

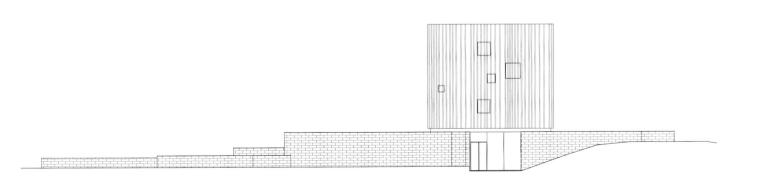

8 m (26¼ ft)

1

2

灯具 1：15

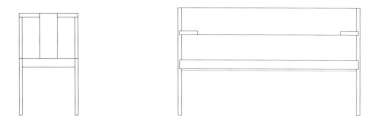

椅子 1：30   长凳 1：30

长椅 1：30

定制家具

160 m (525 ft)

环环相扣
君山生活美学馆

1

君山生活美学馆坐落于北京市郊群山起伏、河流蜿蜒的密云水库附近。白河岸边草木繁茂，这座三层建筑伫立其间，为一家私人会所和销售中心所有。场地原本是一座两层高的环形建筑，以新古典主义细节装饰，但与周边郁郁葱葱的自然环境格格不入。如恩从当地乡土建筑中获取灵感，在设计上回归中国北方传统院落的形式与厚重的建构语言。

如恩的设计思路是将现存建筑视为一处被发掘的人工遗迹，随后对其进行选择性拆改和移植性增添。如恩试图平衡梁柱结构的保护与新旧嫁接这两种方式，使得有计划的空间实验在此徐徐展开。雕塑般的建筑形体犹如从水面升起，与内外花园相连接，模糊了建筑和周围自然环境的边界。建筑外围又增加了一圈暖色木纹铝格栅，减弱了砖墙的沉重感。在强调光影和浮雕层面上，砖墙居于次位。其上深浅不一的格栅，反而赋予了建筑立面具有流动感的视觉变化。

在中央庭院，砖砌体量占据主导地位。首层平面下沉一层，延长了垂直向度，界定出一个内向性的空间。如恩围绕庭院空间精心设计了两条相互交叠的路线，分别是为会所成员和前往销售中心的访客所设。步入建筑首层，迎面是双层挑高的接待大厅，随后访客可以自由探索各个公共设施。雕塑式的灰泥天花板是反复出现的室内设计元素——每个空间内独特的几何雕凿都与天空产生对话。图书馆是该中心的亮点之一，由一系列书架隔墙围合而成，既提供了休憩和阅读的私密空间，也可以作为举办活动的中庭空间。在建筑上层，观景视线朝向附近的山脉，绵延的景致一览无余。

如恩对中央庭院、小型花园、砖砌体量和百叶式格栅展开了细致的分层设计，升华了平淡无奇的人工遗迹，使之融入周边的环境。源自大自然的设计灵感，使得建筑与景观相融共生并成为该区域永恒的地标。

中国，北京

建筑改造
室内
产品
环境导视

1 鸟瞰图

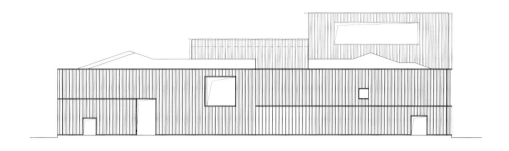

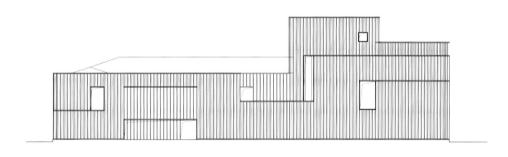

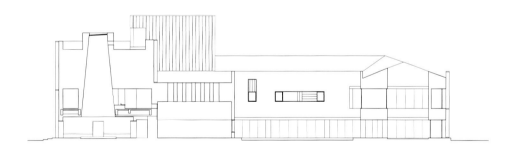

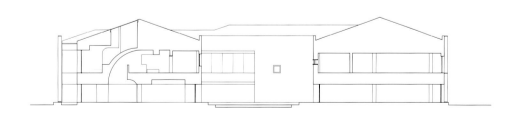

迹
福州茶馆

约翰·汤姆森 (John Thomson)，
《岛上的宝塔》(*The Island Pagoda*) (1871年)

福州茶馆的设计灵感来源于约翰·汤姆森镜头里的
福州金山寺。英国著名摄影师约翰·汤姆森是历史
上最早到中国的摄影师之一，用影像向西方传递了
东方的风景与文化。在摄影集《福州与闽江》里，汤
姆森记录了1871年沿闽江逆流而上的传奇旅程，
并用相机捕捉到了这座罕见的建于河流之中的古
寺。古老的庙宇静静地栖息于河流中的浮石之上，
这个画面成了福州永恒的记忆。

如恩用福州的历史文化为画笔，将这座茶馆描画成了一件城市文物。茶馆内的古代木结构
是一栋清代古宅，属于典型的徽派建筑，其上雕刻着丰富的装饰木雕，复杂而精美。如恩将
木结构包裹于新建筑结构之内，这是福州茶馆的点睛之笔。近年来，城市的快速发展逐渐
侵蚀着传统文化与人们的文化认同。在此背景下，福州茶馆的设计不失为一例独特的历史
传承案例。

茶馆被设想为休憩于岩石之上的房屋，如连绵山丘般的铜制屋顶高架于夯砼墙体之上，且
与室内木结构的屋顶线相呼应。设计所采用的主要材料为夯砼，既表达了对当地传统土楼
民居的现代致敬，也强调了原始的凝重感。走近建筑时，观者可以看到茶馆的两幅图像：建
筑物的直立轮廓，以及它在周围水池中的倒影。

进入茶馆，踱步于一楼的古建筑中，观者仿若游走于明与暗、轻与沉、细与拙之间。光线从采
光井投射到内部结构深处，照亮了这座弥足珍贵的清代古宅。覆铜桁架将金属屋顶提高了
半米的高度，又将自然光影从侧面引入了室内。当观者走到夹层楼时，古建筑原本的面貌才
清晰地得以显露。观者身处于此，宛若环绕在历史之间，赏鉴古代工匠精湛的木雕工艺。

茶馆在地下一层设有接待大厅、下沉式庭院和品茶室。圆形接待厅的顶部为一楼室外的露
天水池。阳光透过水池底部的圆形玻璃投射到地下的接待厅，光影浮动，令人着迷。

中国，福州

建筑
室内
产品
环境导视

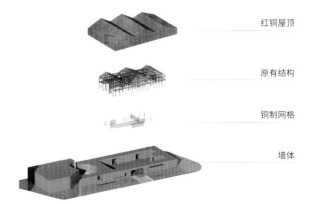

红铜屋顶

原有结构

铜制网格

墙体

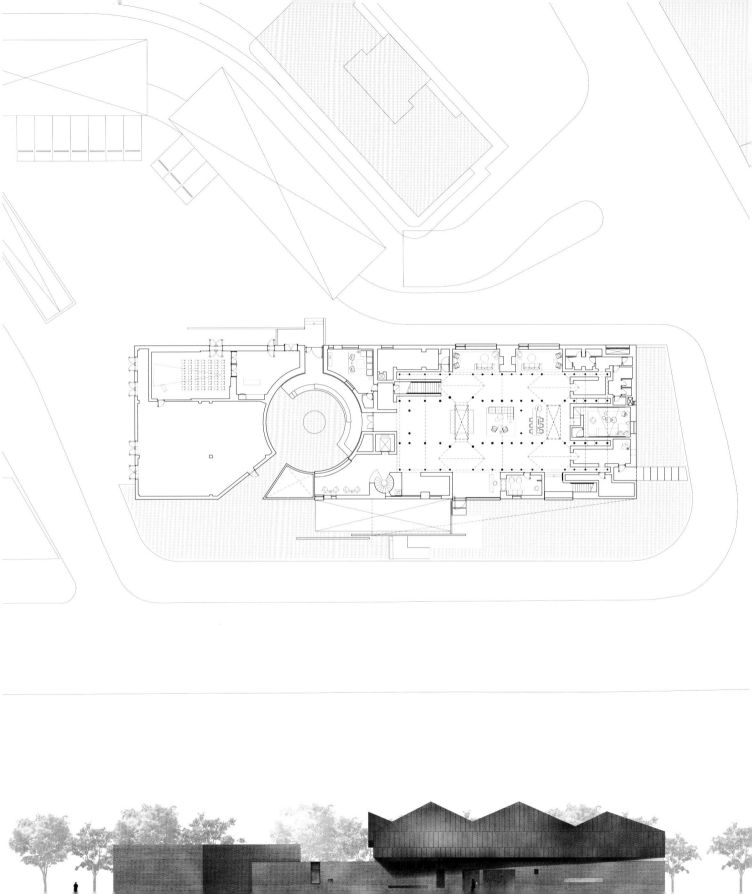

1

2

祠堂
阿那亚家史馆

人们常说，中国文化源于乡土。然而，随着中国城市化的持续扩张，乡村人口迁移至城市，中国的乡村逐渐衰败。村落一旦消失，其承载的中国文化也会随之消失。阿那亚希望在北京附近郊区的乡村山间建造一座现代宗祠，而这对如恩来说，是解决这场文化危机的理想契机。现代宗祠的价值在于凝聚力，回应日益增长的城市移民所带来的流离失所、飘浮无根之感。

为了使项目在更广阔的历史和文化语境下落地，首要的考虑是祠堂建筑的关键组成——对称的平面、从公共到私人的入口序列，以及庭院中的留白。如恩保留了祠堂的平面布局，并重新诠释了剖面、材料与结构。混凝土的梁柱结构形成整体框架，而墙体则采用传统的砌筑技术，以当地的石材填充而成。浇筑混凝土与天然石材的并置，使得二者光滑与粗糙的质感相得益彰。现代混凝土结构的坚固性也允许空间突破原有形式，产生戏剧性的净跨。此处混凝土的作用并不仅限于结构上的，有时还用来雕刻空间，如雕刻而成的楼梯、悬挑阳台，还有引入天光的倾斜平面。这些意料之外的形态变化丰富了建筑立面的质朴建构，为严肃的建筑带来些许趣味。

访客伴随着一路风景，从别墅居住区来到位于湿地山谷间的祠堂。项目特殊的场地条件使得祠堂必须沿着山势纵向展开，从一侧狭窄的入口进入——这与典型的宗祠入口设计相反。穿过低调而谦逊的入口，访客转身朝向祠堂的前庭。庭院采用传统的四水归堂形制，四周的坡屋顶朝向天空，围合形成中央庭院。两侧柱廊贯穿于整个建筑之中，走廊两端皆与楼梯相连。在建筑尽端，巨大的混凝土曲面构建了一处供人沉思冥想的空间，以促使人们思考当下与历史的共通之处。

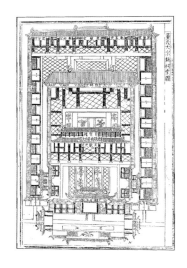

刘丹，中心宗祠平面图（1562年建成）

祠堂是中国常见的一种建筑类型，在过去的乡村社会和生活中扮演着重要的角色。许多村落是由同姓氏的大家族组成的，宗族系谱可追溯到多代以前。宗祠满足了村落成员的特定需求（如作为举行婚丧嫁娶等仪式、教育后代及解决争端的场所），同时也是象征谱系传承和村落成员之间关系的纽带。

中国，承德

建筑
室内

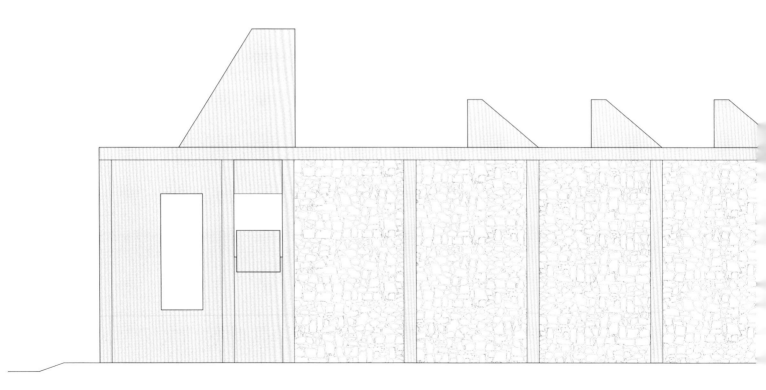

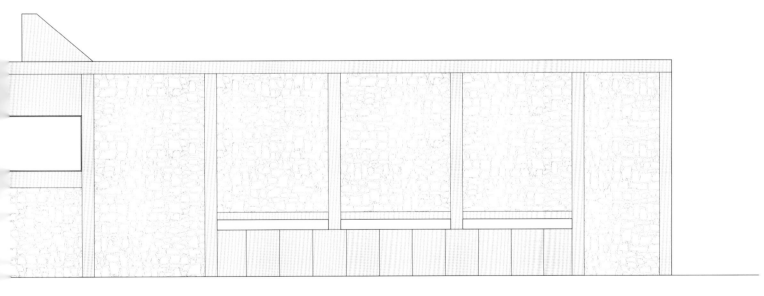

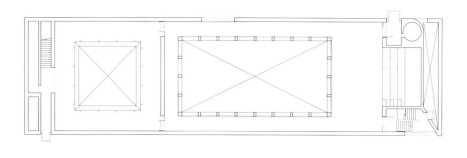

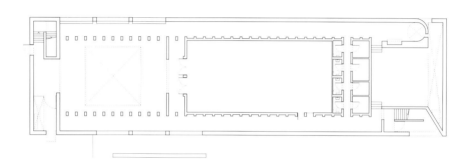

平面图   20 m (65½ ft)

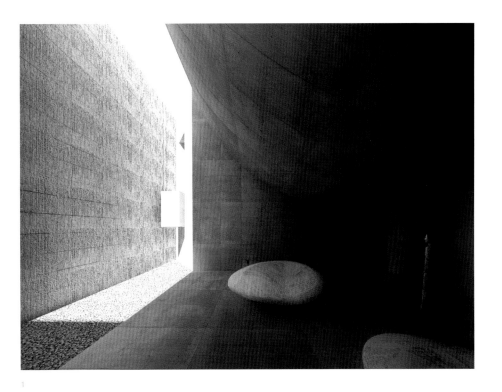

1

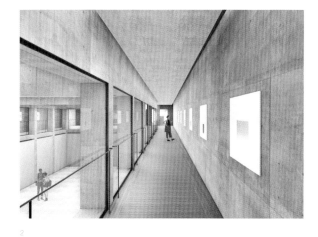

2

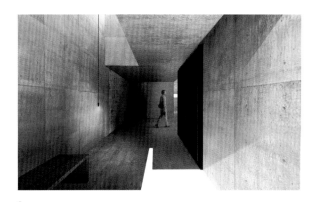

3

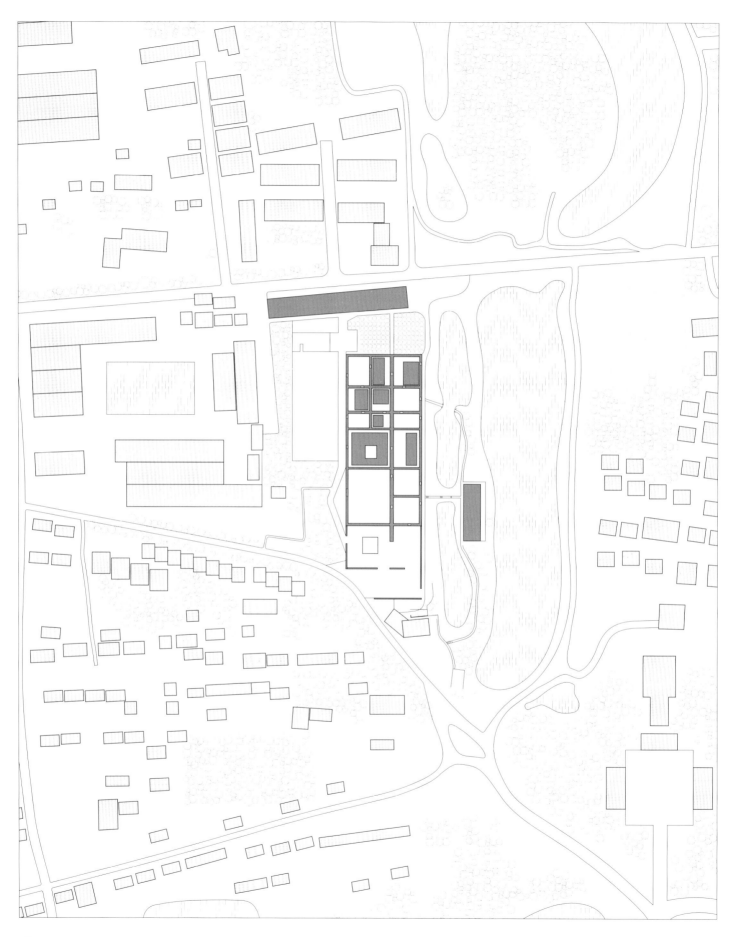

墙垣
青普扬州瘦西湖文化行馆

来自中国传统园林的启示

位于历史名城扬州东北部的个园是中国最著名的园林之一，19世纪由一位盐商所建。个园总体布局采用了前宅与后院叠加的形式。其南部居所建筑群以"九宫格"式布局，并以建筑围合空间，两条垂直的轴线构成了内部主要通道，将各个庭院紧密连接起来。

青普扬州瘦西湖文化行馆紧邻风景秀丽的瘦西湖，是一家拥有20间客房的精品度假酒店。小湖泊和现有建筑散布在场地上，为设计带来了特殊的限制。业主期望对基地原有的部分老建筑进行适用性改造，为之赋予新的功能，同时增建新的建筑以满足酒店的容量需求。为了统一项目中分散的元素，如恩采用围墙和通廊组成的平面网格规划系统。这样的组织形式创造了多个围合庭院，也是对中国传统四合院的现代诠释。和传统的四合院一样，院落的形式赋予了空间层次感，将天空与地面的景致框入，让建筑融于自然，创造出内部与外部的重叠。

矩阵式的砖墙完全由灰色回收砖砌成，狭窄的内部通道形成了狭长的视角，不同的砖墙砌法产生的各种光影变化，吸引来客不断深入探索空间。部分围合的庭院内设有客房和公共设施，如前台、图书馆和餐厅。酒店内许多建筑的屋顶与四周的围墙齐平，形成了一条平整的天际线。沿着蜿蜒的砖墙走廊，住客可抵达客房，此处的建筑与墙体之间区分明显，并留出了一片私人景观供住客欣赏。另有一些未设有客房的庭院内绿植成荫，是墙垣之中怡然自得的好去处。

沿着砖墙漫步，住客将邂逅墙上的开口，拾级而上，抵达视野开阔的屋顶，可将行馆的建筑矩阵和远处的湖泊风光尽收眼底。三座建筑从地平线上升起：两层高的客房、包含四间客房的湖滨小筑，以及位于行馆一端的多功能建筑。这一多功能建筑由原有的废弃仓库改建而成，包含新建的混凝土结构，内设餐厅、剧院和展览空间。

如恩试图通过项目的景观元素"墙"与"院"，将复杂的场地格局统一起来，而粗粝的材料和层叠的空间更是以现代化的设计语言重新定义传统建筑形式。项目的精髓在与接待空间相连的庭院中有所体现——庭院下沉半米，好似一部分沉入平静无波的湖泊中，四周围墙的倒影在湖面摇曳，地面的真实感也因此消失。此处的天与地不分彼此，人与自然融为一体。

中国,扬州

建筑
整体规划
室内
产品
环境导视

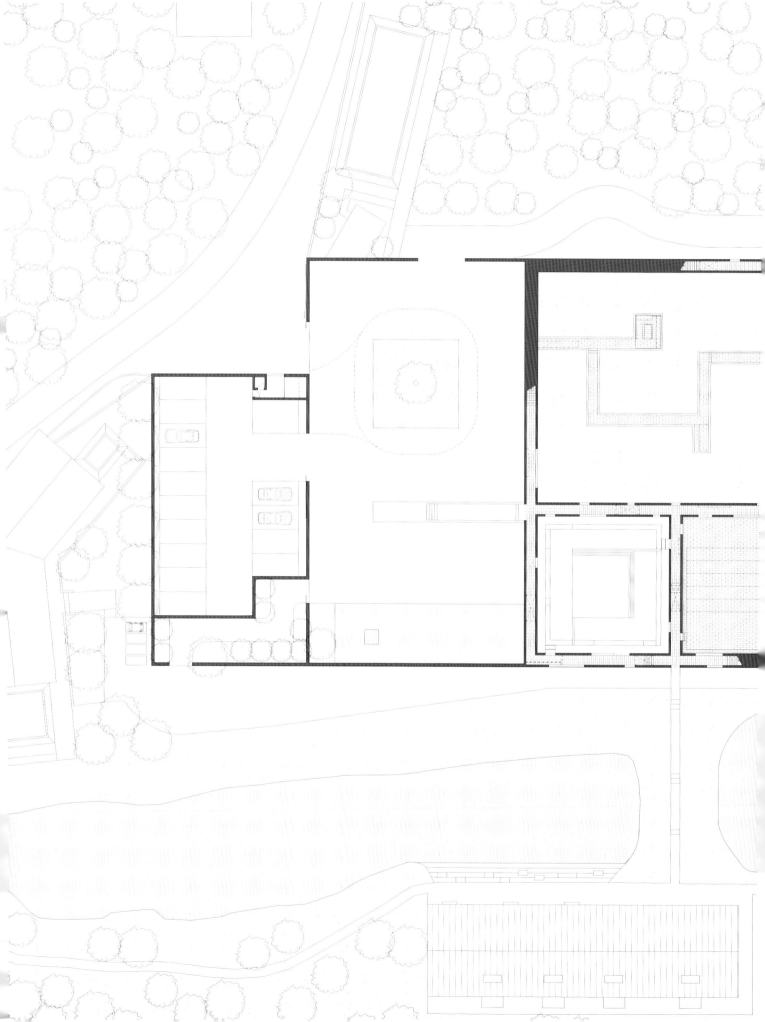

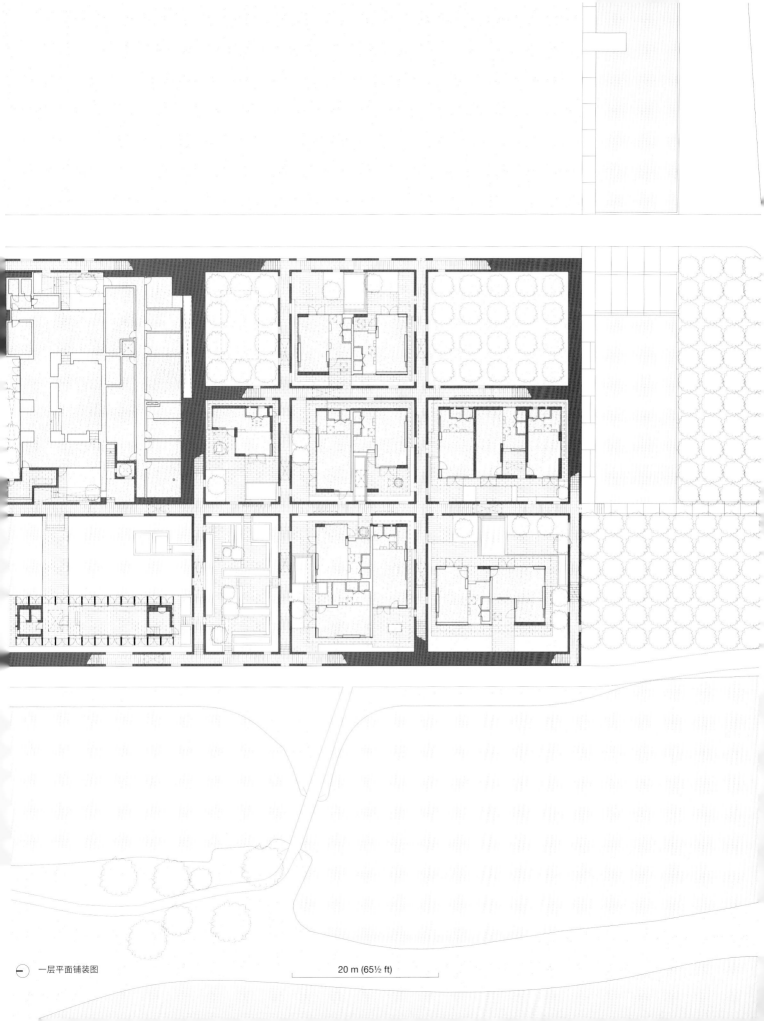

一层平面铺装图

20 m (65½ ft)

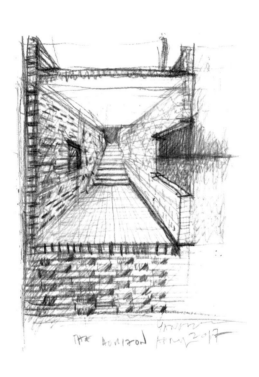

THE Horizon

1

2

3 下沉服院　4 接待处室内空间

4

5

6

7

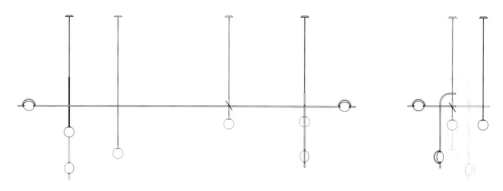

吊灯 1 : 30

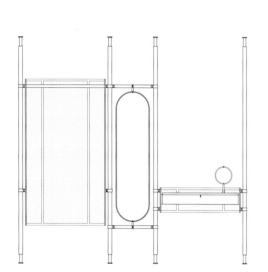

屏风与镜子 1 : 40

墙灯 1 : 15

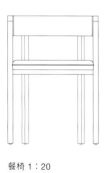

餐椅 1 : 20

凳子 1 : 20

咖啡桌 1 : 20

定制家具

六　未来遗迹

凤凰台上凤凰游,凤去台空江自流。
吴宫花草埋幽径,晋代衣冠成古丘。
三山半落青天外,二水中分白鹭洲。
总为浮云能蔽日,长安不见使人愁。

——【唐】李白,《登金陵凤凰台》

这本作品集以"反思型怀旧"为起点,聚焦于被视为时间碎片的旧建筑,通过设计介入赋予其新生。在建筑作品的"未来遗迹"一章中,如恩回到了连接当下与过去的时间长河中,同时也将视角转向未来。本章提出的"纪念碑"概念与理论框架建立在阿尔多·罗西(Aldo Rossi)的建筑学观点之上。罗西认为城市是一个有机的生命体,不断地转换和累积自身的意识与记忆,而建筑学的价值在城市遗迹上显现。即便这些丘墟早已失去了昔日的光彩,它们仍旧构建了眼前的城市。这并不是假设,今天落成的建筑未来也会成为另一位建筑师眼中的丘墟。如恩提出的问题很简单:如何让这些城市遗迹留存于后世,且对后代富有意义?本章节中的项目展现了如恩如何回应不同语境、"纪念碑"所扮演的角色,以及破坏与演变的二元性。

如恩在中国语境下的实践,不仅要将罗西的理论框架拓展至当代城市的现状,也要将其延伸至乡村的环境中。建筑遗迹的不断消失,环境肌理被重新构建,空地迫切等待被开发,如恩所面临的挑战便是在这样的环境下寻找并定义其"语境"。"舍得"一词中的"舍"意为"放弃","得"意为"获得",呈现出一种矛盾的特质,即消除和构建。经济学家约瑟夫·熊彼特(Joseph Schumpeter)提出的"创造性破坏"一词恰当地描述了现代中国城市的状况——拆迁的速度与城市发展的速度并驾齐驱。[13]将大规模拆除视为城市发展的一种方式似乎令人难以接受,但这种想法与实践源于特定的文化与历史关系:或基于事实依据,或基于推测分析。

如恩于是将目光转向了中国的丘墟,试图去理解这样的现象与情况。不同于欧洲的建筑,中国古代建筑多以木结构为主,最终留下原始的地基以供人们想象当时宏伟的景象。从"丘墟"一词的词源来看,它是由"丘"(意指一堆碎石瓦砾)和"墟"(意指空旷虚无)组成。随着时间流逝,建筑遗迹的概念将缓慢脱离对外观视觉的依赖,更多地依靠影射,而非直接的表达。[14]在本章作品中,如恩希望体现古树的本质:一直以来,古树都与衰败和延续相关,坚持"永恒的演化,接受记忆与遗忘的辩证"[15],以期书写未知的命运。

虚极静笃
阿那亚艺术中心

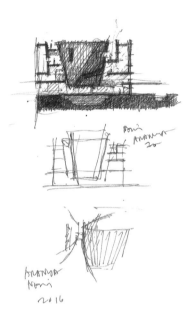

当如恩受阿那亚开发团队之委托,为秦皇岛的滨海度假区设计一座艺术中心时,面临着这样一个难题:如何从直白的场地环境中梳理出概念方案?阿那亚艺术中心位于渤海海岸旁一个新型社区内,具有与地中海气候相似的人造都市肌理。这种"迪士尼化"的建设在中国并不罕见,但问题是该如何创造出既能满足项目要求并融入当地环境,又能为社区发展带来新鲜血液的建筑。幸运的是,具有远见的业主希望设计拥有永恒经典的特质,并期望这个项目能够成为真实代表秦皇岛的地区符号,突显秦皇岛地区季节性变化与贴近自然的特色。如恩在"场所精神"(genius loci)概念的启发下,回归地理、气候、光线和建构形式这四个介入因素,以此与整个环境对话。如恩从附近海域的季节性变化中取得灵感,将海水的自然之妙并入建筑设计的内核中。

阿那亚社区强调与环境的和谐互融。因而,如恩在建筑内部设计了一个环形庭院,使其既能满足艺术展陈的功能需求,也可以作为社区居民的公共活动空间。项目的设计要求仅仅是"一座艺术中心",但如恩希望借此契机,尝试突破艺术中心与公共空间的固有定义。建筑本身简单的几何体量将结构的占地面积最大化,以呈现出笃定的厚重感与原始感。尽管该建筑的结构形式与其空间视觉截然不同,但其形式语言仍是对中国北方厚重建构形式的致敬。堡垒般的建筑外观内隐藏着的多功能露天庭院,在蓄水后可以形成水景,排水后又可作为表演与集会的空间。

厚重的建筑体量内部是一系列交错串联的空间,人们可自由漫步于其中,缓步向上,享受一段内外视野经过精心编排的旅程。螺旋上升的步道将人们引导至每一个功能空间,不断激发人们的探索欲,从而继续他们的空间之旅。倒锥形空间底部设置了一间咖啡馆、一个多功能展览空间和一个圆形的室外剧场。从底部空间开始,人们在环形连廊的引领下穿过五个独特的展览空间,最终到达建筑顶部,将四周风景与建筑内部活动尽收眼底。

建筑立面主要由不同纹理的混凝土墙砖拼接而成,沉稳、厚重,犹如一块坚韧的岩石,静静地矗立在流转变换的环境中。部分光滑的表皮折射出万象天空,而模塑的混凝土砖外墙则充分与日光互动,营造出另一种变幻的肌理。厚重的建筑立面使用铜制元素点缀,捕捉自然天光,将行人的目光聚焦到每个展厅的入口。定制设计的灯具与细节为朴实的色调增添了一抹精致。夜晚,灯光从建筑内散射而出,原本坚实的石雕变成了一颗光芒闪耀的宝石。

中国,秦皇岛

建筑
室内
产品

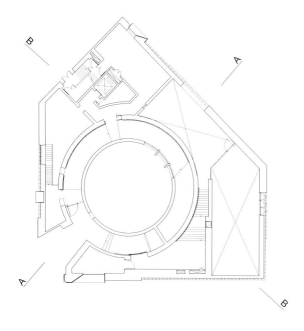
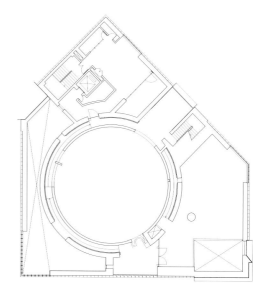
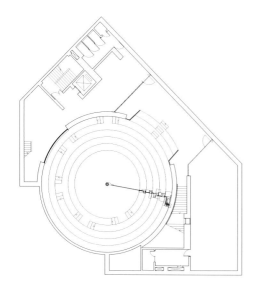
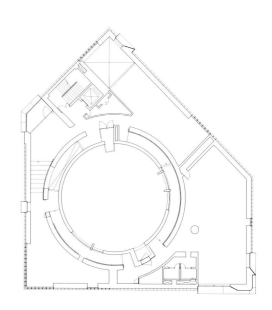

平面图

20 m (65½ ft)

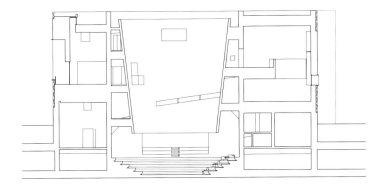

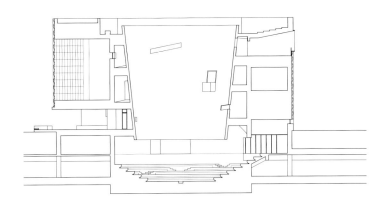

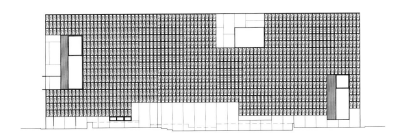

剖面图 | 南立面图

20 m (65½ ft)

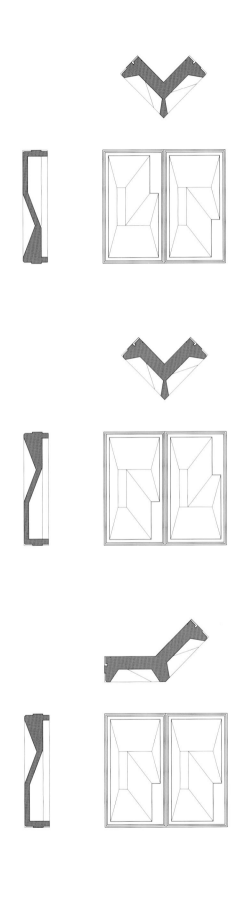

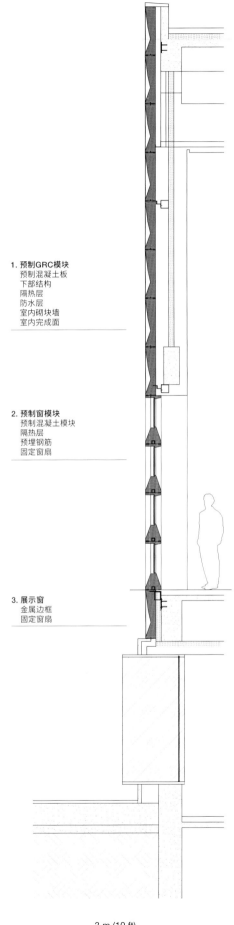

1. **预制GRC模块**
   预制混凝土板
   下部结构
   隔热层
   防水层
   室内砌块墙
   室内完成面

2. **预制窗模块**
   预制混凝土模块
   隔热层
   预埋钢筋
   固定窗扇

3. **展示窗**
   金属边框
   固定窗扇

幕墙细节   1 m (3¼ ft)   外立面细节   3 m (10 ft)

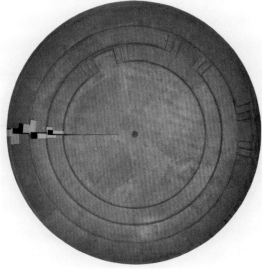

鸟瞰图

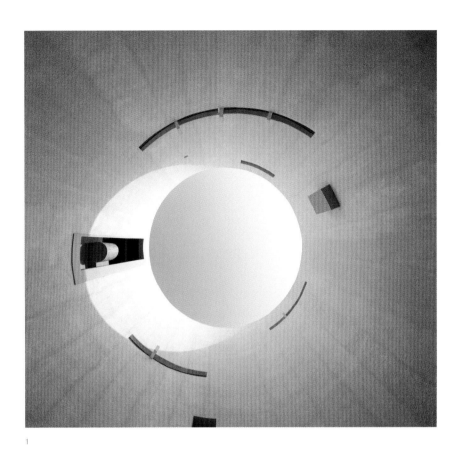

3

4

5

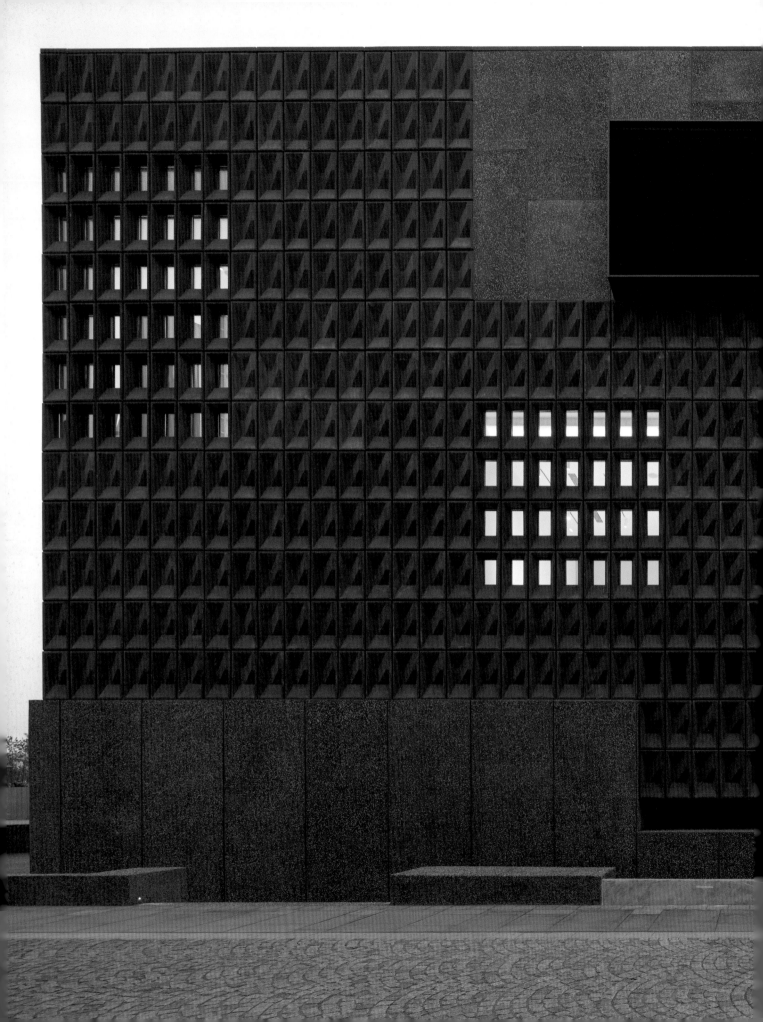

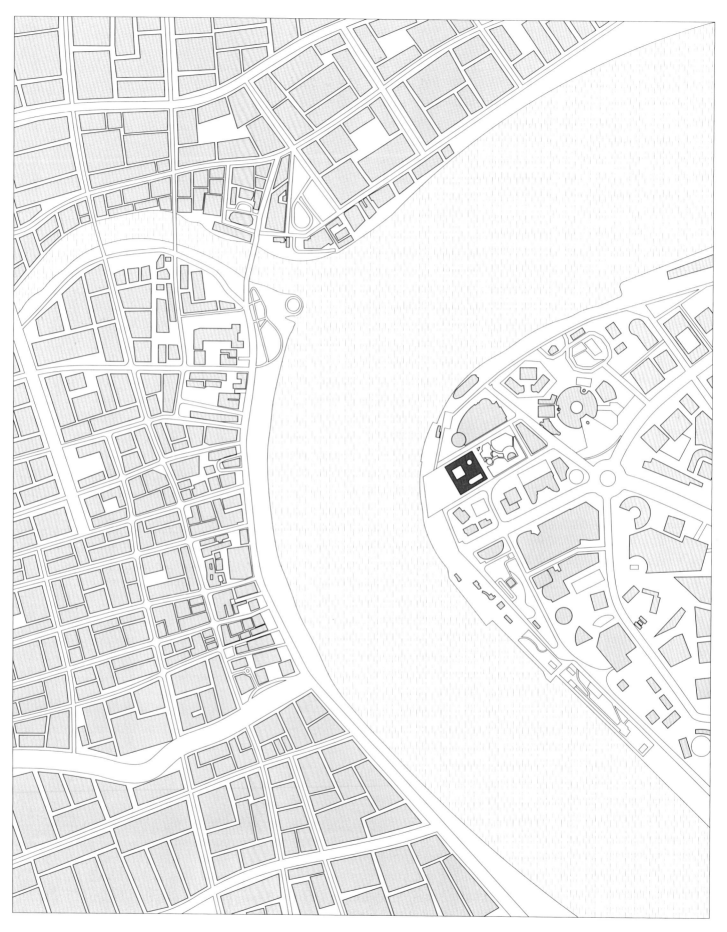

未来丘墟
浦东美术馆概念方案

浦东美术馆的设计方案根植于三种建筑元素,如恩将它们视为不朽的遗迹。这些亘古不变的"城市文物",可存在千年之久,改造亦可使其超越博物馆自身的功能属性。项目主要的设计概念源于中国文化中的"丘墟",它体现了时间的连续和事物的残缺。尽管场地与功能都指向一座纪念碑式的建筑,但如恩希望纪念碑的定义可以超越浅层的形象塑造——浦东不需要另一座建筑来改变其天际线,而需要一个能代表其历史和未来的符号,这个符号要经得起时间的考验。

如恩在设计中应用了经典的几何图形——圆、方、拱,分别代表天、地、门。这些源于古代中国世界观的永恒元素,成为空间的意象与核心,而其周边均包含一条独特的垂直流线,与周围的各种功能相连。"天"是处于核心区域的图书馆,被教育设施所环绕,"地"则是艺术家工作室和艺术创作的空间。"门"是一个由40米高的墙壁围合而成的中庭,自然光照亮了这片中空庭院,不同楼层之间的悬桥在此交织相连。一系列白色方盒将其环绕,形成展览空间。奇妙的旅程在悬桥之间展开,有意打破乏善可陈的观展之旅。就像重置味蕾一般,别出心裁的参观流线也带来了全新的视觉体验。

建筑外部可见一个连续抬升的底座,向滨江公园延伸,定义了都市的公共空间。底座上设有多种几何形状的下沉庭院,可供人们欣赏雕塑或举办活动,仿佛想象中的历史遗迹,实现了三种意象所指向的空间。相比于建造定格于城市中的纪念碑,如恩选择另辟蹊径,从意象出发,寻求演化及持续转变的力量。

中国,上海

竞赛

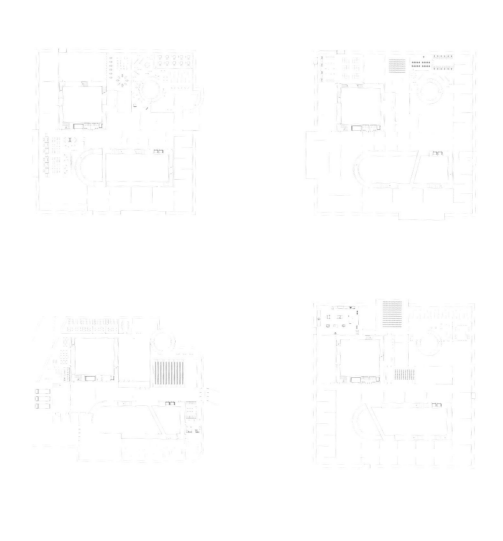

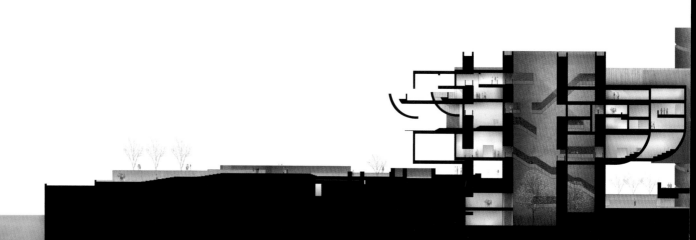

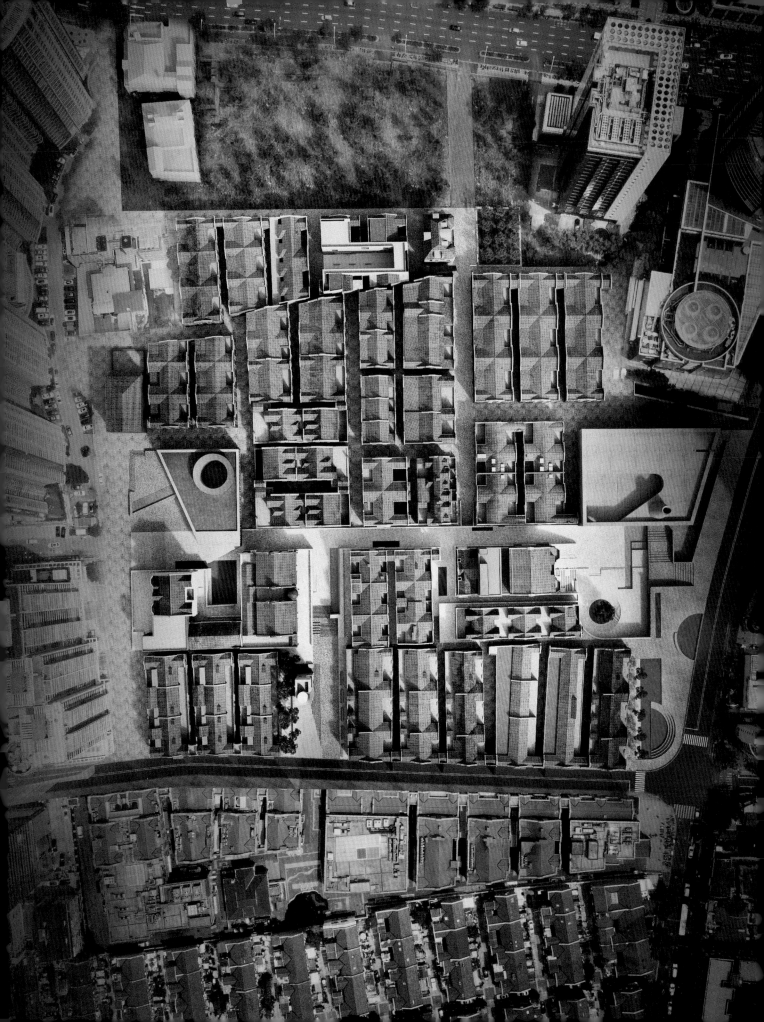

文化桃源
张园总体规划竞赛方案

上海的快速发展,反而让人们愈发地怀念起它的过去。上海张园独特的历史性在于其社区公共性。19世纪70年代末,一位英国贸易商建造了张园,后将其作为私家园林转卖。张园一直以其城市文娱活动而闻名。近年来,虽然张园几近荒废,但仍旧在很大程度上被认为是上海最大且保留完好的弄堂巷屋。此外,如同诸多其他的里弄建筑群一般,张园的存在意义在于其象征的街景。也正是这样的街景定义并反映了上海市井生活的本质。为了延续上海独特的风貌,如恩从"文化桃源"概念出发,参与张园的规划设计,并不以精确还原旧貌为目的。

新规划的建筑分别位于场地四个基本方位上的主要入口处,呼应了张园的历史功能,并将其整体建筑群转变为一个与城市相关联的标识。如恩置入了四个建筑要素:"集会广场"(活动空间)、"塔楼"(观景台)、"剧场"(演艺中心)和"屋宅"(精品酒店)。"集会广场"由一个几何建筑体与一个圆形镂空组成,它悬停于下沉广场的上方,是北部入口处的地标。"剧场"偏离主要城市道路,在场地的南部入口静候访客。"塔楼"是位于西侧的垂直地标,与内部步道相邻,访客可在此俯瞰整座张园。最后,位于东部入口的"屋宅"是将新旧建筑融为一体的精品酒店。如恩对原始地面进行挖掘并置入了景观,从而使张园具有历史意义的石库门呈现为城市中的一处人工遗迹,并成为张园建筑群的文化中心。

尽管如今的商业发展或多或少侵蚀着张园的文化,但它仍旧保持着活力与生机。以张园为代表的弄堂建筑,呈现的不仅是历史建筑的迷人外观,也叙述着当下已经消失的某种生活方式。如恩期望留存下来的不仅是这些多层建筑,更是过去张园弄堂邻里之间那鲜活的集体记忆。

中国,上海

竞赛

1

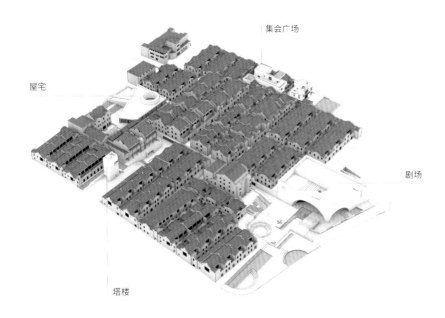

集会广场

屋宅

剧场

塔楼

2

3

4

垂直城市
郑州文化中心

郑州文化中心位于郑州西部，如恩致力于将其打造为这座城市的地标性建筑之一，在颂扬当地历史与文化的同时，也为该地区进行长期规划，使未来与现在一脉相承，在变幻莫测的潮流中恒久发展。城市文化中心这一建筑类型毋庸置疑需要为社区服务，一座城市纪念碑的设计也必须与当地的文化根基紧密连接，因为这对当地市民有着深远而特殊的意义。如恩从具有当地特色的民用窑洞旧居中获得灵感，提出设计一处都市人造遗迹，将"物性"的概念与"挖掘"的行为相结合作为主要设计语言，唤醒古老、原始，甚至本能的方式，来建造这座城市纪念碑。

郑州文化中心如同一个悬停在广场上方边长达38米的立方体。如恩从建筑师路易斯·康的理论中获得启发——他认为正方形简单而又自信坚定，具有现代且永恒经典的特征。因此，郑州文化中心建筑整体呈现立方体形态，立面上显露出雕凿的轮廓，建筑使用粗红砖为材料，返璞归真，重现乡土建筑材料的原始真实性，有意与近年来郑州城市天际线建筑中大量使用的玻璃钢筋材质形成鲜明对比。从坚实强烈的原始形态出发，如恩开始慢慢地从内部对建筑"躯干"进行审视。立面上不同深度的墙体后推形成复杂的纹理，体现了城市景观的错综复杂，也揭示了内部功能划区的公共性。

从大堂以及展厅所处的下沉庭院中心往上看，仿佛悬停于空中的巨大建筑立方体岿然立于眼前，带给访客戏剧般的空间体验。如恩在巨石般的立方体中央雕凿出三个相互连通的露天中庭空间，将光线引入空间，使得室内更加富有生机。因此，光也成为塑造空间体验的重要元素之一。所有的重要功能都围绕着这些中空区域展开，使人们联想起以通道相连的大大小小的石制窑洞。

如恩为访客设计了两条体验路线。一条是围绕着三个中庭螺旋上升的坡道，访客在其上可以感知光影的变化，以及剖面中"洞穴"所创造的交织视角；另一条是专门为文化中心的主要功能所设计的路线，访客通过穿梭于不同的几何空间来体验整个建筑的架构。根据访客的不同游览方式，该建筑不仅可以被解读为一个单体，亦可被理解为分离重组、细致修饰后的空间集合体。落成的"纪念碑"将体现室内外之间的相互作用与联系，产生多元性的解读，成为承载城市记忆的新地标。

中国，郑州

建筑
室内

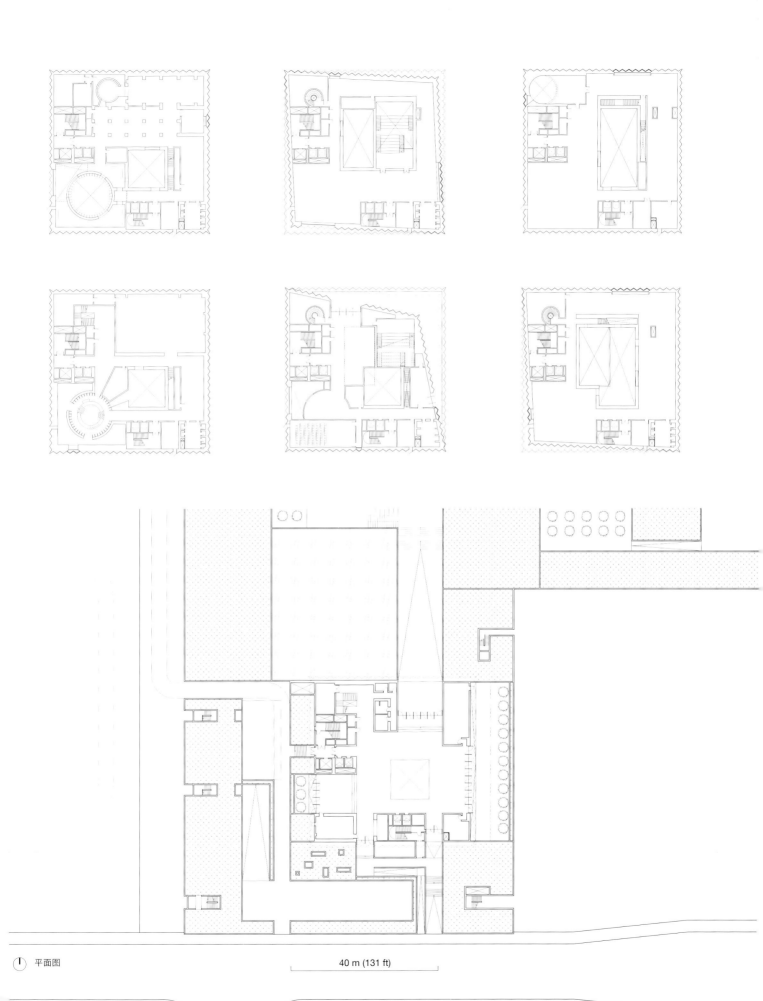

40 m (131 ft)

1

2

1 立面模型　2 剖面模型　3 中庭

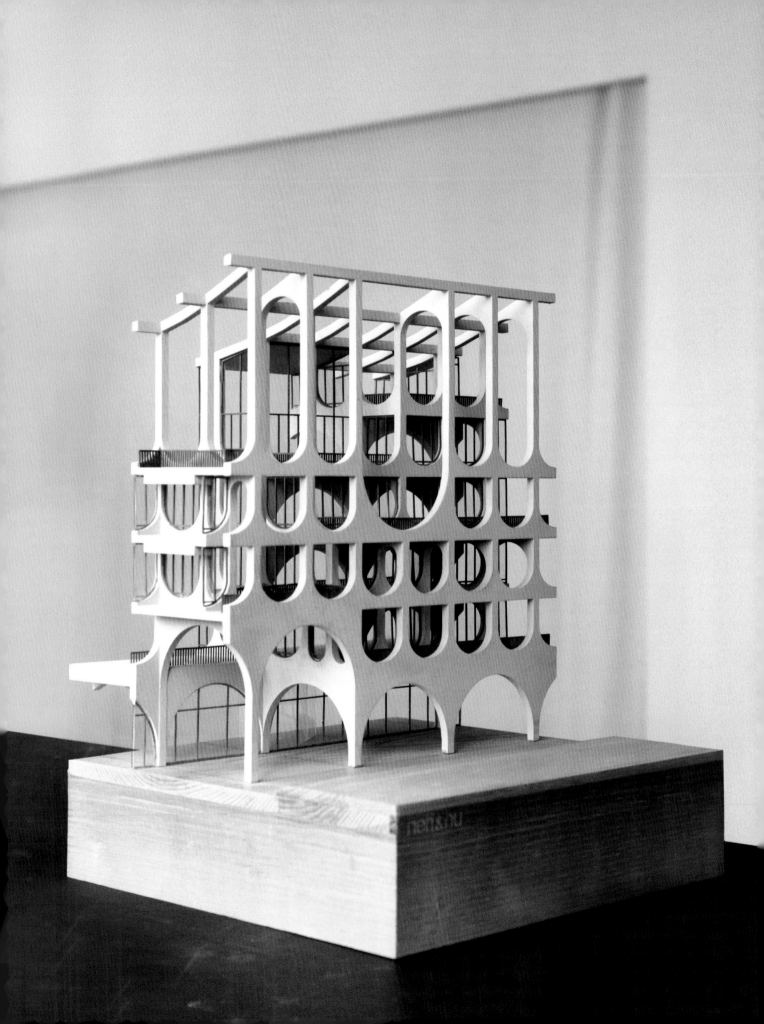

森林
郑州中心

1

中原地区是华夏文明的摇篮。6世纪末,位于此地的郑州古城逐渐成为重要城市之一。如今的郑州快速崛起,成为河南省的政治与经济中心,不懈地试图在未来图景中重塑昔日形象。由如恩设计的郑州中心大楼位于城市一处待开发区域。在这座城市中,文化遗产与现代化发展之间充斥着各样的矛盾。郑州的历史古迹,如城墙和要塞塔楼,其建造形式和材料与这片土地密切相关。而如今的郑州规划了新的城市中心,并用大片的玻璃塔楼群向天空示意,轻盈透亮并自带反射的外观仿佛在骄傲地宣告它们象征着现代性标志的存在。随着郑州开始对全新身份的追寻,如恩在城市中心设计了这栋具有前瞻性的占地近乎一个街区的多功能大楼。它不仅与郑州丰富的历史和谐共存,也是当下充满活力的存在,将创造新的集体记忆。

如恩将项目设想为一片森林,使不同部分联系起来形成整体感。整个项目由三栋独立的建筑组成,并在室内外设有多种公共便利设施,广阔通达的空间为使用者提供了充满活力的社交环境。微微弯曲的屋顶轮廓是一种对古城要塞中瞭望塔屋顶形式的当代演绎,柔化了新区规划的严肃感。

结构构件的聚合带来了建筑的永恒感。1600多个承重拱墙形成了开放的空间系统,可以满足室内外不同的功能需求。而每个9平方米的独立隔间都可以根据不同需求灵活配置,比如,开放式的楼层提供了很大的空间来容纳多个工作区,而私人办公室、会议室和储藏间则只占据隔间1/4到1/2的空间。在公共区域,如接待大厅和采光中庭,这些结构隔间又在垂直方向叠放,供集体聚会使用。

如恩将这样的建筑节奏与多功能逻辑延伸至建筑立面,其整体被视为室内外空间功能重叠的多层次场域,而不仅仅是一层外壳。建筑南立面穿插进多个长约4.5米、深9米的绿化平台,这些是特地为员工住所和公共使用而设计的。空中花园上深浅不一的玻璃间隔打断了原本生硬的临街墙面,也为立面带来了开放的感觉。

中国,郑州

建筑
整体规划
室内
产品
环境导视

2 建筑与空中花园　3 办公区中庭　4 公共花园

在表达建筑体量时,地面也被雕凿出丰富的景观空间,融合了座椅、植物、水池和花园等。建筑剖面和局部细节的展露是历史的自我揭示。布满灌木的石块、水磨石、植被和水景等元素的结合,暗示了风化环境下自然与人工合二为一。这里所映射的历史既不关乎先辈,也不是对记忆的直接调取。如恩设想了一种经久不衰的建筑形式,过去与当下在这里共存,如同发掘中的考古活动,勾画了新的当代生活的可能性。

一天之内的光影变幻突出了混凝土拱形及其内部空间的三维特性。严谨地重复的结构构件从外部空中花园、首层拱廊和下沉庭院延伸至内部大厅、中庭与活动空间,创造了结构与整体空间的无缝衔接。这样的模糊性有时被刻意地构建出来——自然孕育于人造之中,而人造又置入荒野之处。历史的可能性寓于乌托邦式的当下,而转瞬即逝又发自肺腑的"此时此刻"则安家于废墟之上。

3

4

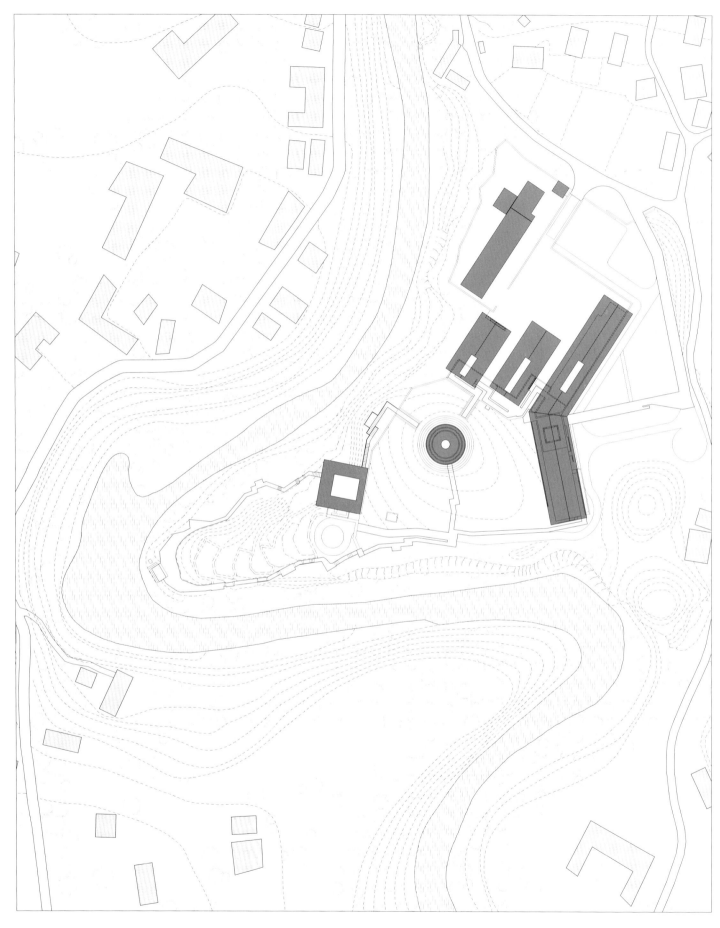

① 基地图   80 m (26½ ft)

山水
叠川麦芽威士忌酒厂

自古以来，世人将峨眉山视为精神寄托，无论是帝王将相，还是文人墨客，纷纷在此驻足观望，各抒其情。1996年，峨眉山因其丰厚的文化底蕴与优美的自然风光被联合国教科文组织列入《世界遗产名录》。这片土地见证了历史上的战役与纷争；见证了宗教文化的兴起，成为许多朝圣者的必经之地；同时，它也是贸易交流线路上的重要停靠点之一。如今，昔日的建筑已不复存在，但记忆、传说仍在峨眉山的土地上空回响。如恩赢得了国际知名烈酒和葡萄酒集团保乐力加威士忌酒厂设计竞赛，打造其在中国的首座麦芽威士忌酒厂，通过永恒的建筑来传承峨眉山的物质与文化遗产。

威士忌酒厂一面背山，三面环水。酒厂的设计理念体现了中国传统哲学中的二元性——流淌于自然的山与水。山代表力量与永恒，水代表流动与改变。山与水相互对立，又互相依存，而正是二元性的"山水"构成了中国人的精神生活。在此哲学观念的基础上，威士忌酒厂的设计理念提出了如此立场：力量存在于谦逊与简单之中，存在于对自然的尊重与深刻理解之中。在中国的传统山水画中，两种元素的融合往往能拓展出画幅的其他维度。正如山水画，建筑在许多方面也体现出二元性的巧妙平衡，酒厂的工业生产区域体现了如恩对中国传统建筑的现代诠释，而游客中心内的嵌入式几何元素，则是如恩对这片古老土地的致敬。

威士忌酒厂设有三座工业生产建筑，呈长方形，坐落于酒厂北侧。屋顶线随自然坡势平缓下落，亦层层递减，与缓坡相互平行。建筑所采用的主要材料灵感源自其所处的地理环境。从峨眉山当地回收的黏土瓦片，被拼贴成建筑的斜屋顶，建立在现代混凝土柱梁结构之上，增添了谦逊而朴素的质感。在平整土地的过程中所产生的巨石，则被重新锻造为酒厂的石墙。该手法不仅体现了如恩对在地建筑的理解与诠释，亦表现了如恩对建筑的思考：建筑在"破坏—循环—再创造"之间的无尽演变。

中国，峨眉山

建筑
整体规划
室内
产品
品牌策划
环境导视

1

与工业生产建筑的在地特征形成鲜明对比的是威士忌酒厂游客中心内所展现的嵌入式几何元素——圆与方,在中国传统哲学中代表天与地。远远看去,圆形建筑的整体掩映于地下,穹顶上方则微微露出地面。三个由砖块打造的同心环层层相叠,犹如小山峰,与峨眉山的轮廓相映成趣。五间地下品酒室依次排开,中间可见层叠的水色景观,犹如瀑布倾泄而下。这一雕塑般的地貌将成为威士忌酒厂的标志性景观。无论身处酒厂何处,游客都可观赏到这一动人景致;与此同时,游客亦可置身穹顶眺望,将威士忌酒厂及峨眉山的景色尽收眼底。酒厂内的餐厅及酒吧则呈方形,下方延展至地下,两面悬挑,一角悬停在河岸之上。如恩将餐饮空间设计在整体建筑的外围,中心设有露天庭院,在获得更加开阔的视野的同时,通过框景手法将峨眉峰的景色引入其中。

该项目不仅体现了建筑师对峨眉山自然资源的崇敬与赞美,而且体现了蕴藏于威士忌酿造、调制过程中的精致艺术与中国传统工艺及材料运用之间的友好对话。混凝土、水泥和石材等材料,构成了建筑的基础色调,与场地环境相呼应。而木头与铜两种材质——橡木桶、铜制蒸馏壶等酿酒工艺中主要的生产工具,恰如其分地呼应了威士忌的酿造艺术。二元性贯穿于叠川麦芽威士忌酒厂的设计之中。如恩试图在建筑与景观、工业与游客体验、山与水之间取得巧妙的平衡。

2 体验中心和酒厂工业区 3 接待大厅 4 水景庭院将峨眉山框摄其内

3

4

七　物

一切所忆所思、所知所感，交织成声名和收藏之匙。对真正的收藏者而言，年代、地域、工艺、前主人万千物件谱写成奇妙的典籍，照见物之命运。

——瓦尔特·本雅明（Walter Benjamin）
《拱廊街计划》（*The Arcades Project*）
（1927—1940年）

作品集的最后一个章节阐释了如恩在设计实践中的另一个重要支柱，而事务所早期的产品设计就是最好的例证。如恩的设计实践在整体上体现为"学科间性"，希望在建筑中寻找与家具、配件、产品设计和平面设计之间的意义的对话。"学科间性"通常被视为设计界的流行词或流行趋势，但其基础原则基于包豪斯和新艺术运动。尽管这些艺术运动往往会很快地与某种"风格"联系起来，但它们所折射的是更大的抱负——自上而下全盘控制的整体设计。马克·威格利（Mark Wigley）在他的文章《整体设计到底发生了什么？》（*Whatever Happened to Total Design?*，1998年）中描述了在这种控制之下所产生的二元对立：一方面是由外向内的压力作用，最终形成"超内部"；另一方面是向外扩展到城市范围，创造连续的内部空间。威格利的部分论点是，设计的本质致使整体环境的产生：无论是一个中立的白盒子空间还是具有雕塑感的形体，最终所呈现的一定是整体性。设计从来都不是中立的。

土耳其作家奥尔罕·帕慕克（Orhan Pamuk）在2008年出版了小说《纯真博物馆》（*Museum of Innocence*）。2012年，一座实体"纯真博物馆"在人们的惊叹中向公众开放，馆内藏有作者数十年来收集的物品，且均出现在原小说中。这些物品极其平常——破损的鞋履、烟头、门把手，但由于这些物品与小说虚构的故事交织呈现，它们被赋予特别的意义。在生活中，我们的身边总是围绕着各种物件。也许它们大多数都十分日常而普通，但在我们的生活中都扮演着不可或缺的角色，意义非凡。也许，你喜欢感受它在手中的分量感；也许，你珍视它给你带来的回忆；也许，你欣赏它精湛的工艺。我们与物件之间的关系与种种体验，不但是基于认知和情感表达的，也是切实存在的。

维特鲁威（Vitruvian）曾提出建筑三要素：美观、坚固、实用。而在当代语境下，人们仅通过外观来评判建筑。"形"是建筑批判无法规避的一点。但在建筑的"形"上，如恩希望它们是层次丰富、复杂且多维的，而非单一的视觉图像与呈现。如恩希望自己的设计能够像那些受人珍视的物件一般，影响人们的情感、思想和物理世界。就像是一开始令人费解、冷酷甚至乏味的建筑，经过时间与汗水的沉淀——叙事、空间、光线、物质、细节等，建筑的力量才得以显现。它的美好，也才开始展露。

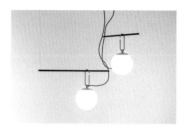

1 nh1217系列灯具, Artemide

2 延伸镜, De La Espada

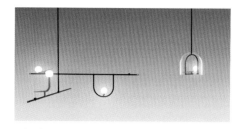

3 燕子灯, Artemide

4 明系列座椅, Stellar Works

5 Shaker系列座椅, De La Espada

6 The Society系列玻璃器皿, Paola C

7 莲藕凳, De La Espada

8 白家族系列吊灯, Parachilna

9 Stay系列家具, Cassina

10 Discipline沙发, Stellar Works

11 独生子女, 未来之屋

12 B-Bowl碗形篮, She's Mercedes

13 Cradle系列沙发, Arflex

14 山水系列烟灰缸, 如恩制作

15 Utility系列座椅, Stellar Works

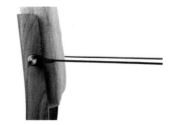

16 Capo系列家具, De La Espada

17 Piasa限量版烛台, 如恩制作

18 皇帝系列灯具, Moooi

19 Sedan扶手椅/灯笼系列落地灯,
ClassiCon

20 间系列家具, Gandia Blasco

21 Sul Sole Va系列灯具, Viabizzuno

22 人系列花瓶, Nen&Hu

23 Together座椅, Fritz Hansen

24 紫砂系列, 如恩制作

25 曦系列灯具, Poltrona Frau

26 Lan系列家具, Gan

27 Ren配角系列家具, Poltrona Frau

28 Industry系列座椅, Stellar Works

29 Ren配角系列家具, Poltrona Frau

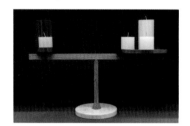

30 平衡烛台, Driade

31 Common Comrades系列矮凳, Moooi

32 Immersion浴缸, Agape

33 珍奇柜, Stellar Works

34 架, Offecct

35 混凝土墙砖"水", LCDA

36 双层玻璃系列, 如恩制作

37 识, 看见造物

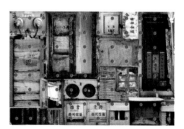

38 Remnant系列地毯, Moooi

39 伊姆斯大象儿童摇椅, Vitra

40 灯笼家族系列灯具，Parachilna

41 野外盛宴野餐篮，
由Wallpaper*委托，Jaguar支持

42 十二生肖拼图，如恩制作

43 Solo系列座椅/Structure长桌，

44 紫砂系列器皿，When Objects Work

45 Narcissist系列家具，
BD Barcelona

46 April系列座椅，La Manufacture

47 Commune系列长凳，De La Espada

48 USB，Offecct

49 街系列地毯，Nanimarquina

50 妆系列收纳盒，Poltrona Frau

51 nh1217系列灯具，Artemide

项目信息

黑匣子再版 | No. 31
地点: 上海
时间: 2018—2020
业主: 上海静工 (集团) 有限公司
主创设计师: 郭锡恩, 胡如珊
主持协理总监: 杨延蕙
主持资深协理: Federico Saralvo
设计团队: 郭鹏, 李奕男, Nicolas Fardet, 郑丽丽,
辛海鸥, 任霭敏

车库 | 北京 B+ 汽车服务体验中心
地点: 北京
时间: 2014—2016
业主: 万泽龙汽车服务
主创设计师: 郭锡恩, 胡如珊
主持资深协理: 杨延蕙
设计团队: 郭鹏, Begoña Sebastián, 谢宜加,
袁中天, Nicolas Fardet, 郑丽丽, 郭锡真,
任四维, 辛海鸥

墙 | 愚园路创意园区 & 愚舍
地点: 上海
时间: 2015—2017
业主: 上海创邑
愚园路创意园区
主创设计师: 郭锡恩, 胡如珊
主持协理: Tony Schonhardt
设计团队: 欧阳见秋, 李奕男, 郭锡真, 辛海鸥
愚舍餐厅
主创设计师: 郭锡恩, 胡如珊
主持资深协理: Aleksandra Duka
设计团队: 李奕男, 张雅斌, 陈思瑜, 吴舒吟, Nicolas
Fardet, 邱思敏, 辛海鸥, 任霭敏

便利店 | 野兽派概念商店
地点: 上海
时间: 2017
业主: 野兽派
主创设计师: 郭锡恩, 胡如珊
主持协理: 杨延蕙
设计团队: 郭鹏, Susana Sanglas, Utsav Jain, Nicolas
Fardet, 郭锡真, 辛海鸥

重构 | 设计共和·设计公社
地点: 上海
时间: 2010—2012
业主: 设计共和
主创设计师: 郭锡恩, 胡如珊

主持协理: 蔡春燕
设计团队: 汪艳, 傅颖, 郭鹏, Peter Eland, Jonas
Hultman, Markus Stoecklein, Christina Cho, Jeongyon
Mimi Kim, 吕叶, Federico Saralvo, 赵磊, 肖磊, 汤琳,
鲁永新, 赵云, Nicolas Fardet, 陈晓雯, 郭锡真, 周浩,
任四维, 赵颖丝, Ivo Toplak

垂直巷屋 | 水舍南外滩精品酒店
地点: 上海
时间: 2008—2010
业主: Unlisted Collection 集团
水舍南外滩精品酒店
主创设计师: 郭锡恩, 胡如珊
主持协理: Debby Haepers
设计团队: 蔡春燕, Markus Stoecklein, Carmen Lee,
汪艳, 鲁永新, 赵云, Zhili Liu, 郭锡真, 刘薇
Table No.1 by Jason Atherton
主创设计师: 郭锡恩, 胡如珊
主持协理: Dirk Weiblen
设计团队: Briar Hickling, 闵捷, 漆晓峰, 袁愿, Nicolas
Fardet, Jean—Philippe Bonzon, 任四维

婉转街巷, 变迁村落 | 2019年斯德哥尔摩家具与灯具展
地点: 斯德哥尔摩
时间: 2018
业主: 斯德哥尔摩家具与灯具展
主创设计师: 郭锡恩, 胡如珊
主持资深协理: 张堇盈
设计团队: 詹志权, Malgorzata Mutkowska,
贾城, 张正如

外向的家宅 | 吴宅
地点: 新加坡
时间: 2009—2011
业主: 私人业主
主创设计师: 郭锡恩, 胡如珊
主持协理: 蔡春燕
设计团队: 汪艳, Qi Liu, Andrew Roman

邂逅 | 彭博 (Bloomberg) 香港办公室
地点: 香港
时间: 2014—2015
业主: 彭博
主创设计师: 郭锡恩, 胡如珊
主持协理: 张堇盈, 蔡雅雯
设计团队: 吴冬, 李佳濛, 田雪竹, 鲁永新, 赵云,
郭锡真, 辛海鸥

档案 | 郑州建业艾美酒店
地点: 郑州
时间: 2009—2013
业主: 建业集团(中国)
主创设计师: 郭锡恩, 胡如珊
主持协理: 陆颖芝
设计团队: 谢宜加, 马丽媛, 闵捷, Peter Eland, 莫秀曼,
黄伟民, Eva Wieland, 王琢, Andrew Roman, 张致云,
倪端, 龚梦, 胡正芳, Begoña Sebastián, 穆忆恩,
Erika Lanselle, Debby Haepers, 蔡春燕,
Dagmar Niecke, 鲁永新, 赵云, Jean—Philippe Bonzon,
陈晓雯, Nicolas Fardet, 李希米, 郭锡真, 任四维,
赵颖丝, 彭立恬, 周浩

幽静之境 | 上海素凯泰酒店
地点: 上海
时间: 2013—2018
业主: 香港兴业国际集团
主创设计师: 郭锡恩, 胡如珊
主持资深协理: 詹勋杰
设计团队: 邱薇臻, Akrawit Yanpaisan, 方草, 袁愿,
陈怡家, 顾嘉, 李佳濛, Joanne Feng,
Lara de Pedro, Megan Shen, 方翠儿, 鲁永新, 何雨洋,
陈晓雯, 赵云, 郭锡真, 彭立恬, 任四维, 张正如

二分宅再思考 | 田子坊私宅
地点: 上海
时间: 2011—2012
业主: 私人业主
主创设计师: 郭锡恩, 胡如珊
主持协理: Tony Schonhardt
设计团队: 肖磊, 赵磊, 郭鹏

帷集星座 | 集丝坊
地点: 上海
时间: 2018
业主: 集丝坊
主创设计师: 郭锡恩, 胡如珊
主持资深协理: Federico Saralvo
设计团队: 冯立星, Brendan Kellogg, Callum
Holgate, Nicolas Fardet

阁楼 | 创明鸟上海办公室
地点: 上海
时间: 2013—2014
业主: 创明鸟集团

主创设计师: 郭锡恩, 胡如珊
主持协理: 杨延蕙
设计团队: 郭鹏, Begoña Sebastián, 朱岸清,
Kelvin Huang, 鲁永新, 赵云, 彭立恬

绿洲 | 吉隆坡阿丽拉孟沙酒店
地点: 吉隆坡
时间: 2015—2018
业主: Keystone地产
主创设计师: 郭锡恩, 胡如珊
主持资深协理: Federico Saralvo
设计团队: 闵捷, Briar Hickling, 漆晓峰,
Carmen Marin, Chiara Aliverti, Suju Kim, 袁愿,
Qi Liu, Nicolas Fardet, 郑丽丽, 彭立恬

炉 | Chi-Q韩国餐厅
地点: 上海
时间: 2013—2014
业主: 外滩三号
主创设计师: 郭锡恩, 胡如珊
主持资深协理: 詹勋杰
设计团队: 郑瑾琳, João Gonçalo Lopes, 鲁永新,
赵云, 陈晓雯, 郭锡真, 任四维, 赵颖丝

静谧 | 金普顿大安酒店
地点: 台北
时间: 2017—2019
业主: 鼎联集团
主创设计师: 郭锡恩, 胡如珊
主持资深协理总监: 詹勋杰
主持协理: 邱薇臻
设计团队: Akrawit Yanpaisan, Federico Salmaso,
James Beadnall, 吉超, Lara de Pedro, 张堇盈,
Yannick Lo, 鲁永新, 金洙诺, 何雨洋, 陈晓雯, 辛海鸥,
张正如, 任霭敏

怀想之家 | 新加坡私宅
地点: 新加坡
时间: 2017—2021
业主: 私人业主
主创设计师: 郭锡恩, 胡如珊
主持资深协理: 张堇盈
设计团队: 林世罗, 林妤儒, 詹志权, 吴佳轩,
辛海鸥, 黄惠子

蚀刻之旅 | 第十四届威尼斯建筑双年展
地点:威尼斯
时间:2014
主办方: 第十四届威尼斯建筑双年展
主创设计师: 郭锡恩,胡如珊
主持资深协理: Aleksandra Duka
设计团队: 徐丹,杨延蕙

镌刻 | 上海大戏院
地点:上海
时间:2012—2016
业主:上海市徐汇区人民政府湖南路街道办事处
主创建筑师:郭锡恩,胡如珊
主持资深协理:Tony Schonhardt
主持协理:曹子燚
设计团队:赵磊,黄永福,吕逸飞,Nicolas Fardet ,
陈晓雯,郭锡真,任四维,辛海鸥

谜 | 科隆总部大楼
地点:科隆
时间:2015 至今
业主:Meiré und Meiré
主创建筑师:郭锡恩,胡如珊
主持协理总监:Aleksandra Duka
设计团队:Dirk Weiblen, 杨佩琛, Alexiares Bayo,
Federico Saralvo, Valentina Brunetti, Nicolas Fardet

枢纽 | 虹桥天地演艺与展览中心
地点:上海
时间:2013—2015
业主:瑞安集团
主创建筑师:郭锡恩,胡如珊
主持资深协理:Dirk Weiblen
主持协理:陈如慧
设计团队:Peter Eland,周伊幸,骆嘉茵,张雅斌,
Cristina Felipe,王怡然,Lorna De Santos,
章于田,Sophia Panova,Isabelle Lee,鲁永新,赵云,
陈晓雯,郭锡真,任四维,彭立恬,辛海鸥

书屋 | Valextra成都旗舰店
地点:成都
时间:2017—2018
业主:Valextra
主创建筑师:郭锡恩,胡如珊
主持资深协理:Federico Saralvo
设计团队:闵捷,Nicolas Fardet,黄立安,
Callum Holgate

灯笼 | 雪花秀首尔旗舰店
地点:首尔
时间:2014—2016
业主:爱茉莉太平洋集团 — 雪花秀
主创建筑师:郭锡恩,胡如珊
主持协理:Anne—Charlotte Wiklander
设计团队:林世罗,李奕男,孙凯伦,林孟颖,
鲁永新,Nicolas Fardet,郭锡真,辛海鸥,
彭立恬,陈晓雯

庇佑 | 苏州礼堂
地点:苏州
时间:2011—2016
业主:音昱水中天
主创建筑师:郭锡恩,胡如珊
主持资深协理:杨延蕙
设计团队:郭鹏,Begoña Sebastián,许南熏,
吴遥遥,Maia Peck,鲁永新,邱思敏

环环相扣 | 君山生活美学馆
地点:北京
时间:2017—2018
业主:阳光城集团北京大区
主创建筑师:郭锡恩,胡如珊
主持协理总监:杨延蕙
主持协理:陈如慧
设计团队:郭鹏,Utsav Jain,高乐舟,李�亚黄,
Josh Murphy,贾思,Alexandra Heijink,宋和贞,
Lara de Pedro,鲁永新 陈晓雯,何雨洋,
孙晓霞,任霭敏

迹 | 福州茶馆
地点:福州
时间:2019—2021
业主:阳光城集团福建大区
主创建筑师:郭锡恩,胡如珊
主持资深设计师:许孟家
设计团队:Jorik Bais,李奕男,胡云清,黄永福,
James Beadnall,李海妹,Jesper Evertsson,杜尚芳,
郑冰苗,蒋征玲,金洙诺,Ath Supornchai,辛海鸥,
黄惠子,张妍,吴震海

祠堂 | 阿那亚家史馆
地点:承德
时间:2017 至今
业主: 阿那亚
主创建筑师:郭锡恩,胡如珊
主持协理总监:杨延蕙
设计团队:郭鹏,包海云

墙垣 | 青普扬州瘦西湖文化行馆
地点：扬州
时间：2015—2017
业主：青普旅游文化
主创建筑师：郭锡恩，胡如珊
主持资深协理：Federico Saralvo
主持协理：曹子燊
设计团队：Valentina Brunetti，黄永福，林世罗，赵磊，Callum Holgate，陈乐乐，沈洪良，刘鑫，朱彬，Nicolas Fardet，Yun Wang，张进，郭锡真，辛海鸥

虚极静笃 | 阿那亚艺术中心
地点：秦皇岛
时间：2016—2019
业主：阿那亚
主创建筑师：郭锡恩，胡如珊
主持协理总监：杨延蕙
设计团队：陈如慧，郭鹏，Utsav Jain，Josh Murphy，Gianpaolo Taglietti，高乐舟，Susana Sanglas，鲁永新，郑丽丽

未来丘墟 | 浦东美术馆概念方案
地点：上海
时间：2015—2016
业主：陆家嘴集团
主创建筑师：郭锡恩，胡如珊
主持协理：杨延蕙，张堇盈
设计团队：Josh Murphy，詹志权，林孟颖，郭锡真，彭立恬

文化桃源 | 张园总体规划竞赛方案
地点：上海
时间：2019
业主：上海市静安区规划和自然资源局，上海静安投资（集团）有限公司
主创建筑师：郭锡恩，胡如珊
主持资深协理：曹子燊
设计团队：李奕男，Malgorzata Mutkowska，Jorik Bais，Davis Butner

垂直城市 | 郑州文化中心
地点：郑州
时间：2018—2019
业主：裕华集团
主创建筑师：郭锡恩，胡如珊
主持协理：曹子燊
设计团队：黄永福，Jorik Bais，李奕男，Fergus Davis，Akrawit Yanpaisan，金丹燕，万亭汐，马瑞君，Nicolas Fardet，高翔宇，江倩欣

森林 | 郑州中心
地点：郑州
时间：2017 至今
业主：永威置业
主创建筑师：郭锡恩，胡如珊
主持资深协理：陈建全
设计团队：张堇盈，王典，唐晓棠，宋和贞，Andrew Irvin，贾城，杨秉鑫，杨佩琛，Malgorzata Mutkowska，Bernardo Taliani，李秋橙，Lara de Pedro，陈相宇，马瑞君，陈洋扬，苏禹竹，张妍，顾嘉诚，Erin Chen，Lisa Chen，杨新越，谢博宇，周原仰，郑丽丽，辛海鸥，洪明月

山水 | 叠川麦芽威士忌酒厂
地点：峨眉山
时间：2018—2021
业主：保乐力加集团
主创建筑师：郭锡恩，胡如珊
主持协理总监：杨延蕙
主持协理：Utsav Jain，陈思瑜
设计团队：王峰，郭鹏，Josh Murphy，Fergus Davis，Alexandra Heijink，包海云，Yota Takaira，曾郁恩，Nicolas Fardet，生茵，郑丽丽，黄惠子，洪明月，辛海鸥

创始人简介

郭锡恩，胡如珊

2004年，郭锡恩与胡如珊在上海共同创立了如恩设计研究室。无论是日常的生活物件还是居住空间，他们始终寻求一种从多学科中汲取经验的设计方法，在丰富当代生活的同时，也与集体记忆保持紧密的连接。

除了设计实践以外，郭锡恩与胡如珊也耕耘于教育与研究领域。2022年和2018年，他们在耶鲁大学建筑学院分别担任埃罗·沙里宁访问教授和诺曼·福斯特客座教授。2021年和2019年，郭锡恩与胡如珊分别被任命为哈佛大学设计研究生院建筑设计评论教授。两位也曾授课于香港大学建筑学院。2021年，同济大学任命胡如珊为建筑与城市规划学院建筑系系主任。2007年，郭锡恩与胡如珊合著并编辑了《视觉暂留：建筑师绘话上海》，由简亦乐出版社（MCCM Creations）出版。

2004年，郭锡恩与胡如珊创立了设计共和并担任其创意总监。设计共和集零售概念、设计文化展览及教育于一体，为设计食客提供多元化的创意聚集平台。2015年，郭锡恩与胡如珊被国际家具品牌Stellar Works任命为创意总监，传承亚洲传统工艺的品牌理念。自2021年秋起，郭锡恩与胡如珊担任纽约Shaker博物馆顾问委员会委员。此外，郭锡恩自2010年起担任纽约布鲁克林Roll & Hill LLC.董事会成员，胡如珊自2018年起担任上海交响乐团国际顾问委员会委员。

郭锡恩
获美国哈佛大学设计研究生院建筑硕士学位和美国加利福尼亚大学伯克利分校建筑学学士学位。

胡如珊
获美国普林斯顿大学建筑与城市规划硕士学位及美国加利福尼亚大学伯克利分校建筑学学士学位，辅修音乐。

如恩设计研究室简介

如恩设计研究室由郭锡恩和胡如珊于2004年共同创立,是一家立足于中国上海的多元化建筑设计事务所。其全球化的设计实践涵盖整体规划、建筑与室内设计、展陈设计、家具与产品设计、品牌策划及平面设计。如恩的项目分布在很多不同的国家,拥有来自世界各地不同文化背景的员工,他们使用语言超过30种。团队成员的差异性增强了如恩设计理念的独特性:以全球化的观念结合多元、重叠的设计理念创造一个新的建筑范例。

如恩选择上海有其独特的原因。上海是一个走在世界前沿的城市,处在这个多元文化并存的中心,如恩融入了上海的文化、城市和历史背景,并将其作为开拓建筑设计的出发点之一。如恩还扩展了设计实践的传统边界。创建严谨作品的关键在于批判性地探讨项目、场地、功能和历史的特殊性。基于对设计的研究,如恩坚持体验、细节、材料、形式和光影的动态交互,而不是程式化的设计风格。

如恩在世界各地的设计大奖中屡获殊荣:美国Architizer A+Awards专业评审奖(2022);奥地利砖筑奖最具创新建筑奖(2022);英国Dezeen年度最佳建筑事务所(2021);荷兰*Frame*终身成就奖(2021);美国Architizer A+Firm年度最佳事务所(2021);马德里设计节设计大奖(2020);亚洲最具影响力设计大奖(2020);英国《蓝图》杂志设计奖(2019);意大利*The Plan*杂志设计奖(2018);意大利EDIDA国际设计大奖年度设计师(2017);德国标志性设计奖年度室内设计师(2017);INSIDE国际室内设计节设计大奖(2017);日本*Elle Deco*杂志设计大奖年度设计师(2016);英国Dezeen年度炙热排行榜(2016);法国巴黎国际时尚家居设计展览会年度亚洲设计师(2015);英国*Wallpaper**杂志年度设计师(2014);远东建筑奖(2014);美国《室内设计》杂志名人堂(2013);英国《建筑评论》杂志新锐建筑奖(2010);德国红点设计大奖(2010);美国《建筑实录》杂志设计先锋(2009)。如恩的设计实践受到世界范围内的广泛关注与报道。如恩的第一部作品集《如恩设计研究室:作品与项目2004—2014》由Parks Books于2017年出版。

如恩设计研究室团队成员

Hugo Bartholome、James Lawrence Beadnall、Manuel Benedettini、Lara De Pedro Ubierna、Aleksandra Duka、Lucia Esparza Garcia、Federica Esposito、Nicolas Fardet、Dania Angela Fajardo Flores、UtsavJain、Jan Lee、Blazej Polus、Federico Salmaso、Federico Saralvo、Ambesh Suthar、Bernardo Taliani De Marchio、Charlie Yu

曹沈悦、曹子燊、陈宸、陈春燕、陈建全、陈静芳、陈铭、陈仁扬、陈思瑜、陈希禾、陈僖、陈相宇、陈艳、陈洋扬、陈奕颖、程宁馨、笪文博、郭楚、郭锡恩、郭歆洁、洪明月、候姝冰、胡如珊、胡昕岳、胡云清、黄多卿、黄惠子、黄建利、黄立安、黄丽丽、黄永福、吉超、金丹燕、李冠霖、李金龙、李静涵、李军、李秋橙、李宛儒、李奕男、李豫、林世罗、刘凯妮、刘洋、刘郁岑、刘韫颉、柳苓、柳思扬、陆丰豪、陆咏春、马瑞君、闵捷、牛光仪、瞿晓慧、任子琪、申银珠、沈萌、生茵、施懿瑄、石纯煜、史翰杰、孙昊楠、孙艺、唐晓棠、田骅、佟泽坤、万亭汐、王红珍、王健、王康杰、王亮钧、王吕齐眺、王倩婷、王伟泽、吴丹、吴爽、吴震海、夏嘉懿、谢宜加、徐继传、许健、严文洁、杨安睿、杨秉鑫、杨书涵、杨武、杨延蕙、杨雨后、杨钰颖、杨元恺、叶凡、应悦、余楚茗、余琪晨韵、曾郁恩、翟灵、詹勋杰、张佳馨、张堇盈、张明静、张微粒、张伟栋、张雅萌、张玉芬、章慧、赵婧雅、赵磊、朱忆楠

由于版面限制无法列出所有共事过的同事，如恩在此衷心感谢自成立以来每一位同事的贡献与努力。

图片版权信息

注　释

1　斯韦特兰娜·博埃姆,《怀旧》,monumenttotransformation.org, 2011, http://
　　monumenttotransformation.org/atlas-of-1 transformation/html/n/nostalgia/nostalgia-svetlana-
　　boym.html,访问时间2019年4月25日

2　琚宾,《游园与尺度》,公众号"创基金", https://mp.weixin.qq.com/
　　s/6M2O5wmp2qf3eFUoYo5mgw,访问时间2020年12月17日

3　顾明栋,《中国小说理论》(Chinese Theories of Fiction),奥尔巴尼:纽约州立大学出版社,2006

4　加斯东·巴什拉,玛丽亚·乔拉斯(译),《空间的诗学》(The Poetics of Space, 1958),波士顿:Beacon
　　出版社,1994

5　马丁·海德格尔,艾伯特·霍夫施塔特(译),《诗·语言·思》(Poetry, Language, Thought, 1971),
　　纽约:Harper Perennial Modern Thought, 2013

6　保罗·鲍尔斯,《遮蔽的天空》(The Sheltering Sky, 1949),纽约:Ecco出版社,2014

7　戈特弗里德·森佩尔,《建筑四要素》(The Four Elements of Architecture and Other Writings,
　　1851),剑桥:剑桥大学出版社,2011

8　比特丽斯·科伦米娜,《秘境与奇观:阿道夫·路斯的室内》,AA Files,第20期(1990):第5—15页,http://
　　www.jstor.org/stable/29543700,访问时间2020年12月10日

9　让·拉·马尔什,《21世纪建筑中的熟悉与陌生》(The Familiar and the Unfamiliar in Twentieth-
　　Century Architecture),乌尔班纳:伊利诺伊大学出版社,2003

10　罗伯特·文丘里,《建筑的复杂性与矛盾性》(Complexity and Contradiction in Architecture),
　　纽约:现代艺术博物馆,1977

11　同7

12　谷崎润一郎,《阴翳礼赞》(1933),纽黑文:Leete's Island出版社,1977, http://pdf-objects.com/
　　files/In-Praise-of-Shadows-Junichiro-Tanizaki.pdf,访问时间2020年12月10日

13　理查德·桑内特,《建筑与居住:城市美德》(Building and Dwelling: Ethics for the City),伦敦:企鹅
　　出版集团,2019

14　巫鸿,《石涛(1642—1707)与中国传统文化中的废墟意象》,Proceedings of the British Academy,
　　第167卷,2009演讲,第263—294页

15　皮埃尔·诺拉,《记忆与历史之间:纪念之地》,Representations,第26期(1989年春季刊):第7—24页

致　谢

如恩特别感谢黄建利先生对事务所多年的领导与管理,办公室各团队的通力协作与有条不紊都离不开他的孜孜不倦。除了设计团队,如恩也要感谢渲染团队、IT部门、材料管理员及行政部门多年来的帮助。如恩在此特别感谢章慧与吴晔彬,日程规划的井井有条也离不开她们的有序安排。此外,如恩还要感谢市场和公共关系部门团队,尤其是柳思扬、严文洁、吴丹、翟灵、曹沈悦和施懿轩。最后,如恩由衷感谢张堇盈和辛海鸥,正是她们的毅力与投入才有了这本作品集。

概念:郭锡恩,胡如珊,张堇盈
平面制作:辛海鸥,黄惠子,洪明月
英文文本:张堇盈,施懿轩,杨延蕙
英文校对:Davis Butner,施懿轩
中文翻译:张靖
中文译校:曹沈悦,柳思扬,施懿轩,吴丹
模型摄影:Scott Hsu
内容制作:毕静怡,张堇盈,郭鹏,韩笑,马瑞君

*按照姓氏(注音)首字母排序